イラストレイテッド
光の実験

大津元一 [監修]　田所利康 [著]

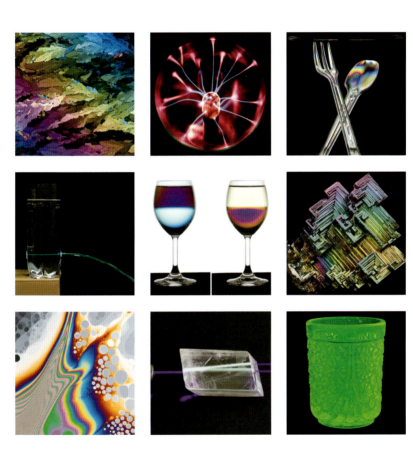

朝倉書店

刊行にあたって

　本書の構想は 2014 年に刊行した執筆者の前著『イラストレイテッド光の科学』から生まれました．私は前著の執筆・構想段階から監修者として企画のお手伝いをさせていただき，原稿を何回か拝見しましたが，その段階ですでに感銘を受けていたのは掲載図と写真の美しさ，精緻さです．刊行後の出来上がりを見てその印象をさらに強くしました．前著は全国で大変好評を博していますが，それも十分納得できます．

　さて，前著では「どうやって撮影したのだろう」という疑問を持つような写真がほぼ各ページに，多数みつかりました．執筆者に伺うと「光の自然現象を説明するのに必要な写真は執筆者自身が工夫をこらして撮影した」とのことでした．また，その原理の説明に実験が必要な場合，なんとそれらの多数の実験も独自に実施したのです．その写真撮影のお話，実験と撮影の技術はどんな机上の光学の勉強にも勝る生きた光学のデモンストレーションだと思いました．これらはひとえに二人の執筆者の表現能力が卓抜であることによりますが，ひるがえって考えると，執筆者以外の人が「よし，自分もこのような実験をしてみよう．このようなきれいな写真を撮ろう．」と思っても，実は大変難しいのではないかという印象を受けました．

　本書の刊行に至った経緯はまさにこの印象につきます．すなわち，「大変むずかしいのならば，いっそのこと光の現象を活かした実験，写真撮影の秘訣，コツを種明かししてもらいましょう」ということです．これを思い立ち，執筆者にお願いしたところ，短期間の間に本書を書きあげてくださいました．その際，何とまた新たな実験，写真撮影を多数実施してくださったのです．私は本書をみて「これなら自分でも実験できるかもしれない」という希望を持つことができました．実験・観察の背景にある理屈も簡潔に解説されているので，光学に詳しくない読者でも他の参考書なしで納得しながら読むことができるでしょう．また，もし興味をもった光の現象についてもっと詳しく知りたくなったのでしたら，前著も一読されることをおすすめします．

　読者諸兄におかれましても本書をご一読，さらにこれらの実験，撮影に挑戦されると，身の回りにあふれている光の現象についての理解が深まるとともに，「光についてもっと勉強してみよう，光を何かに役立ててみよう」といったアイデアがわくかもしれません．本書の各章の題目に「・・・を楽しもう」とありますので，感激しうる光の現象を，本書を通じていよいよ楽しんでみませんか？

　ご多忙の中，短期間の間に原稿を作成してくださった執筆者，さらに出版作業にご尽力いただきました朝倉書店編集部の皆様に感謝いたします．

　　2016 年 9 月

大　津　元　一

まえがき

　目覚ましく進歩した科学技術のお陰で，コンピューター，スマートフォン，ネットワークなどのICT（Information and Communication Technology）環境が当たり前となった現在，わからないことはインターネットで調べ，電子書籍から情報を得て，コンピューターで書類を作成するといったことが日常化しました．つまり，多くのことがディスプレイの中で済んでしまう世の中になったわけです．科学の世界も例外ではありません．座学やシミュレーションの方が効率がよいために，手間暇掛かる実験は敬遠される傾向にあるようです．しかし，考えてみてください．デジタルカメラ，レーザーポインター，白色LED光源など，先端科学技術が惜しげもなく注ぎ込まれた電子機器が，気軽に利用できるようになった今こそ，逆に，手を動かして実験を楽しむ時代なのではないでしょうか．例えば，先人たちが大変な苦労をして行った科学史に残る「光の実験」も，今なら比較的簡単に再現することができます．これは，とてもエキサイティングなことだと思いませんか．そうした思いから，筆者自ら「光の実験」を行い，執筆したのが本書『イラストレイテッド光の実験』です．

　本書は，タイトルが示す通り，光の実験とその撮影に話題を絞って，実験準備から，撮影の実際，実験や撮影のポイント，実験機材の作り方などを実例とともに紹介した実践的な「光」の実験ガイドです．本書を構成する8つのチャプターの概要は次の通りです．

　　第1章　「光」の撮影を楽しもう：「光の実験」を楽しむために，撮影のポイントを押さえていきましょう．
　　第2章　見える「光」を楽しもう：光線を可視化して光学現象を撮影する方法を紹介します．
　　第3章　色の変化を楽しもう：紫外線照射で色が変わる鉱石の蛍光，偏光で色が付くプラスチックや砂糖水の色彩変化を楽しんでいきましょう．
　　第4章　光の不思議を楽しもう：虹，逃げ水，蜃気楼など光が主役の自然現象を室内で再現実験します．
　　第5章　スペクトルを楽しもう：自作分光器を使って，スペクトルの面白さを探ります．
　　第6章　色彩を楽しもう：微細な構造が作り出すカラフルな構造色を楽しんでいきます．
　　第7章　ミクロを楽しもう：色彩豊かなミクロの世界を覗きにいきましょう．
　　第8章　物作りを楽しもう：LEDライン光源，CD–R分光器，二重スリットカメラを手作りして，「光の実験」にチャレンジしてみてください．

　本書の執筆で留意した点は，ページをめくるだけで絵画館を散策するように楽しめること，実験へのチャレンジでさらに「光」への理解が深まることです．本書を手に取ったら，まずは，画像を眺めて楽しんでください．主な光学現象には，その物理的な背景の解説をつけました．現象の物理を理解したうえで画像を見直すと，画像の中に潜む現象の面白さを再発見していただけることと思います．次に，是非とも，光の実験にチャレンジしてみてください．実際に手を動かし実験を重ねることによって，皆さんの科学的な直感力が磨かれていくことでしょう．本書では，皆さんがチャレンジしやすいように，実験の手順や条件をできるだけ詳しく記述しました．また，画像の撮影条件も明記しました（筆者は写真の専門家ではないので撮影条件には改善の余地があると思います）．皆さんが使用する実験機材や撮影機器などの撮影環境に合わせて，最適化していってください．

　本書執筆にあたって多くの方々から貴重な試料のご提供，有益なアドバイス，実験・撮影のお手伝いなどのご協力を頂きました．この場をお借りして，執筆にご協力頂きました皆様に厚く御礼申し上げます．また，納得できる画像や図が揃うまでお付き合いくださいました朝倉書店編集部の皆様に心より感謝いたします．

　2016年9月

　　　　　　　　　　　　　　　　　　　　　　　　　　　　　　　　　　　　　　田　所　利　康

目 次

1 「光」の撮影を楽しもう ——————————————————— *2*
　1.1 マニュアル撮影のすすめ　2
　1.2 絞り，シャッター速度，ISO 感度の関係　5
　1.3 微弱光撮影ならではの注意点　7

2 見える「光」を楽しもう ——————————————————— *8*
　2.1 散乱で光線を可視化する　8
　2.2 蛍光で光線を可視化する　12
　2.3 LED ライン光源を使って光線を可視化する　18

3 色の変化を楽しもう ——————————————————— *20*
　3.1 鉱物の美しい蛍光色　20
　3.2 偏光がなければ見えない色彩　28
　3.3 砂糖水をカラフルにする　34

4 光の不思議を楽しもう ——————————————————— *42*
　4.1 虹の出射を再現する　42
　4.2 逃げ水を撮影しよう　44
　4.3 曲がる光　48
　4.4 水で光ファイバーを作る　51

5 スペクトルを楽しもう ——————————————————— *54*
　5.1 光を分ける　54
　5.2 分光器　55
　5.3 CD-R 分光器でスペクトル像を撮影する　56
　5.4 プラズマボールの色の謎を探る　62
　5.5 プリズムが作るスペクトル　65
　5.6 温度で変わるスペクトルと色　68

6 色彩を楽しもう ——————————————————— *74*
　6.1 微細構造が「色」を作り出す　74
　6.2 干渉から生まれる色彩　75
　6.3 イリスアゲートの怪しい輝き　80
　6.4 コガネムシの円偏光選択反射　84

7 ミクロを楽しもう ——————————————————— *86*
　7.1 顕微鏡の像拡大　86
　7.2 照明方法による見え方の違い　87
　7.3 1 層ずつ割れるシャボン膜　90
　7.4 色彩あふれるミクロの世界　92

8 物作りを楽しもう ——————————————————— *98*
　8.1 LED ライン光源を作る　98
　8.2 CD-R 分光器を作る　103
　8.3 二重スリットカメラを作る　110

索　引　119

執筆協力（敬称略）

浅見卓也（オーシャンフォトニクス株式会社）
石川　謙（東京工業大学）
市川泰憲（日本カメラ博物館）
奥　修（ミクロワールドサービス）
川田正和（ライテック）
川畑州一（東京工芸大学名誉教授）
斎木敏治（慶應義塾大学）
高和宏行（ユニオプト株式会社）
田所美惠子（写真家，針穴写真協会会長）
津留俊英（山形大学）
中川周平（株式会社ニコンインステック）
納谷昌之（富士フイルム株式会社）
長谷川能三（大阪市立科学館）
東　伸（株式会社オプトクエスト）
堀石　廉（石華工匠）
宮原諄二（イノベーションファクター研究センター）
山口留美子（秋田大学）

参考文献・引用文献

1) 大津元一監修，田所利康・石川謙著：イラストレイテッド光の科学，朝倉書店 (2014).
2) 大津元一，田所利康：光学入門，先端光技術シリーズ 1，朝倉書店 (2008).
　※上記 2 冊は，本書全体の参考図書です．1) は，身近に見られる光学現象を，数式を使わずに写真と絵でわかりやすく解説しています．2) は，波としての光について，基礎から，数式の導出を含めて丁寧に説明しています．基本的な光の振る舞いを知りたい方は，一読されることをお勧めいたします．
3) 神崎洋治・西井美鷹：体系的に学ぶ　デジタルカメラのしくみ，第 3 版，日経 BP 社 (2013).
4) 柴田清孝：光の気象学，応用気象学シリーズ 1，朝倉書店 (1999).
5) 経済産業省：消費生活用製品安全法
　※現在，日本国内では，出力 1 mW 以上のレーザーポインターの製造販売や輸入販売が禁止されています．出力 1 mW 以上のレーザーポインターを個人使用目的で個人輸入することは規制されていませんが，高出力のレーザー光が眼に入ると失明の危険があるため，使用にあたっては，安全基準 6, 7) を遵守し，安全に対して十分な注意を払って，自己責任で使用してください．
6) 厚生労働省：基発第 0325002 号，「レーザー光線による障害の防止対策について」
　http://www.mhlw.go.jp/bunya/roudoukijun/anzeneisei/050325-1.html
7) 日本工業標準調査会　JIS C 6802，「レーザ製品の安全基準」
　http://kikakurui.com/c6/C6802-2011-01.html
8) 山川倫央：蛍光鉱物＆光る宝石 ビジュアルガイド，誠文堂新光社 (2009).
9) 国立天文台編：理科年表，丸善株式会社 (2014).
10) ImageJ
　https://imagej.nih.gov/ij/
11) ImageJ 日本語情報ページ
　http://seesaawiki.jp/w/imagej/
12) 星空公団　raw2fits
　http://www.kodan.jp/?p=products
13) 宮原諄二：「白い光」を創る，東京大学出版 (2016).
14) アンドリュー・パーカー（著），渡辺政隆・今西康子（訳）：眼の誕生 ―カンブリア紀大進化の謎を解く―，草思社 (2006)
15) 石川謙氏のホームページ：コガネムシは円偏光
　http://www.op.titech.ac.jp/lab/Take-Ishi/html/ki/hg/et/sb/goldbug/goldbug.html
　（2016 年 5 月 10 日確認）
16) CombineZP ダウンロードページ
　http://www.hadleyweb.pwp.blueyonder.co.uk
17) 立花太郎：シャボン玉，中央公論社 (1989).
18) 秋山実：ミクロ・コスモス，河出書房新社 (2003).
19) 田所美惠子：母と子の針穴写真，美術出版社 (1993).
20) 田所美惠子：日曜日の遊び方　針穴写真を撮る，雄鶏社 (1998).
21) 日本針穴写真協会，会員資料「ピンホールの開け方について」
　http://jpps.jp/web/index.htm
22) 田所美惠子：針穴のパリ 田所美惠子写真集，河出書房新社 (2006).

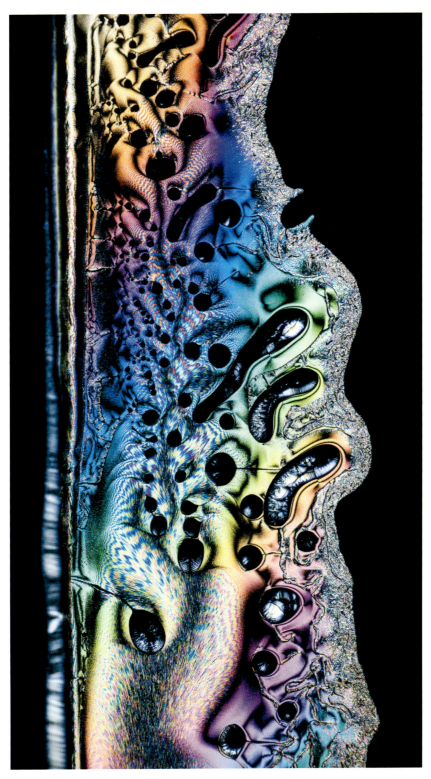

アスコルビン酸（ビタミンC）結晶の偏光顕微画像．アスコルビン酸の粉末をスライドガラス上で溶融して再結晶化させました．結晶の偏光顕微観察では，試料作製のたびに，作製法や結晶成長時の環境の違いによって，カラフルで多種多様な結晶に巡り会うことができます．（その他の例は p. 94 参照）．

[Panasonic DMC–GH1，顕微鏡：Nikon Eclipse LV100，対物レンズ：LU Plan Fluor 10x，露出：マニュアル，フォーカス：マニュアル，1/80 秒，ISO：200]

Chapter 1 「光」の撮影を楽しもう

　高性能なデジタルカメラが手軽に入手できるようになり，フィルムカメラの時代に比べて，写真撮影が格段に楽になりました[3]．本書で紹介する「光の実験」の撮影においても，デジタルカメラの恩恵は計りしれません．第1の恩恵は，撮影して直ぐに画像が確認でき，条件を修正して再撮影ができることです．そして第2は，フィルムに比べて実用感度域が格段に広がって，暗い被写体の撮影に強くなっていることです．本書掲載画像の多くは，微弱な「光」が主役なので，フィルムカメラでは撮影できていなかったかもしれません．ここでは，本書全体のイントロとして，「光の実験」を撮影するにあたってのポイントについてまとめます．

1.1　マニュアル撮影のすすめ

　デジタルカメラのオートモードは性能が良く，一般的なスナップ写真撮影では，カメラ任せできれいな写真が撮れます．しかしながら，本書で紹介する「光の実験」のような撮影では，多くの場合，オートモードが決めた適正露出では，思い通りの仕上がりになりません．例えば，図1.1は，オパールの遊色を(a)絞り優先オートモードの自動露出（露出補正：0.0）で撮影，(b)マニュアルで露出を決めて撮影した写真です．このような黒背景で弱い光を撮影する場合，オートモードでは露出オーバーになる傾向があり，本来撮影したい遊色の色彩が埋もれてしまいます．そういった理由から，本書に掲載したほとんどの画像は，マニュアル露出で撮影されています．

　デジタルカメラは，人間の眼と違い，長時間露光で光を溜め込むことができます．これは，微弱な光の撮影で，ISO感度を上げずに，露光時間によって適正な光量が得られることを意味します．微弱な光の撮影では，長時間露光で光を溜め込めるデジタルカメラの特性を最大限に利用することが，美しい「光」の撮影を楽しむポイントの1つと言ってよいでしょう．長時間露光は，花火の撮影などにも有効です．肉眼では鮮やかに見える花火を撮影してみると，色が白く飛んでしまい，思ったほどきれいに撮影できなかったという経験はありませんか．その主な原因は，オートモードが適正と判断した露出が，目まぐるしく光量が変化する花火に対して，適正ではなかったということにあります．図1.2は，オートモードで手持ち撮影した花火の写真です．露出補正で露光量を落としているにもかかわらず，色が白く飛んでいます．図1.3は，三脚を使用してマニュアルで露出を決めた花火の写真です．低ISO感度に設定し，絞りをf/14まで絞り込んであえて光量を落とし，長時間露光で光量を溜め込むことで，色が白く飛ぶことなく，花火の色を再現することができています．

●オパールの遊色
オパールは鉱物の一種で，美しいものは宝石にされます．オパール内では，球状のシリカ微粒子が凝集していて，3次元的な周期構造を形成しています．光を当てると，場所によって異なる3次元周期構造が回折してさまざまな色を発します．3次元構造なので，光の当て方や見る方向によって色や光り方が変わります．これを遊色と呼びます．「回折」については，「6. 色彩を楽しもう」を参照してください．

図1.1　オパールの遊色．
(a) 絞り優先オートモードの自動露出で撮影したオパールの写真．デジタルカメラの自動露出は，必ずしも期待通りの露出になるとは限りません．
［Nikon D800E, 105 mm f/2.8G ＋接写リング68 mm, 露出：絞り優先オート（補正：0.0），フォーカス：マニュアル, f/16, 10秒, ISO：100］
(b) マニュアルで露出を決めたオパールの写真．シャッター速度を変えながら複数枚撮影した中の1枚です．
［Nikon D800E, 105 mm f/2.8G ＋接写リング68 mm, 露出：マニュアル, フォーカス：マニュアル, f/16, 2秒, ISO：100］

(a)

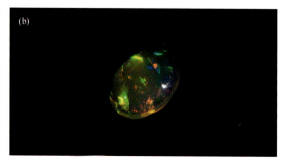
(b)

図1.2 花火の撮影例1（プログラムオートモード）．デジタルカメラのオートモードで，手持ち撮影しました．これは，花火大会の最後を締めくくる錦冠（にしきかむろ），銀冠（ぎんかむろ）で，金色，銀色の光を放つ花火です．
［Nikon D7000，16–85 mm f/3.5–5.6G（f=48 mm），露出：プログラムオート（露出補正：− 1.7），フォーカス：オート，f/6.3，1/250 秒，ISO：4000］

図1.3 花火の撮影例2（マニュアルモード）．マニュアルモードの長時間露光で，三脚に固定して撮影しました．
［Nikon D7000，16–85 mm f/3.5–5.6G（f=34 mm），露出：マニュアル，フォーカス：マニュアル，f/14，17.4 秒，ISO：100］

(a) 絞り（F 値）：レンズを透過する光束の径（有効口径）を変えて，像の明るさを調節します

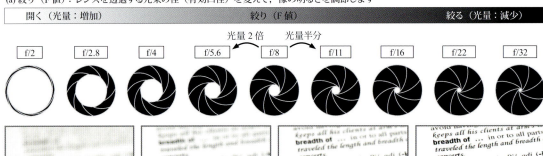

(b) シャッター速度：シャッターが開いている時間を変えて，露光量を調節します

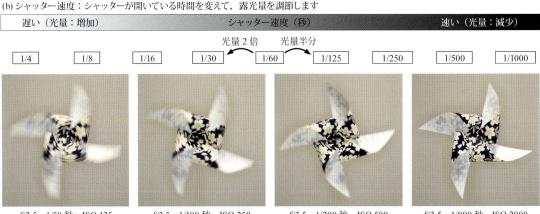

(c) ISO 感度：センサーから出力される電気信号の増幅率を変えて，センサーの感度を調節します

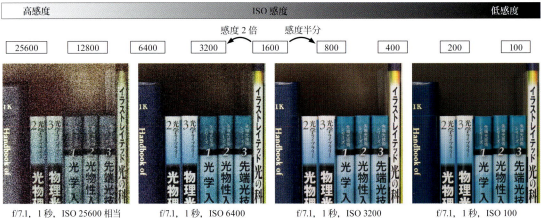

図 1.4 絞り，シャッター速度，ISO 感度の関係．
［Nikon D800E，60 mm f/2.8，露出：マニュアル，フォーカス：マニュアル］

1.2 絞り，シャッター速度，ISO 感度の関係

マニュアルモードでカメラを使うとき，最初は，絞り，シャッター速度，ISO 感度などをどのように設定したらよいかよくわからず，抵抗があることと思います．そんな場合は，取りあえず，ISO 感度を 400 程度に設定して，絞り優先オートモードで撮影してみてください．得られた画像が自分の意図した通りではないときには，絞り，シャッター速度，ISO 感度，露出補正，ホワイトバランスなどをマニュアルで変更していきますが，それら設定の参考になるのが図 1.4 です．図 1.4 に示された (a) 絞り，(b) シャッター速度，(c) ISO 感度は，右にいくほど明るい被写体用の設定になるよう並べられています．つまり，暗い被写体では，絞りを開けるか，シャッター速度を遅くするか，ISO 感度を上げるかして光量を稼ぎ，明るい被写体では，絞り込むか，シャッター速度を速くするか，ISO 感度を下げることで光量を落とします．

1.2.1 絞り

まず，図 1.4(a) 絞りから見ていきましょう．レンズの明るさは口径比で決まります．レンズの焦点距離と口径比は，レンズ正面の外周部かレンズ鏡筒上面に，「105 mm 1:2.8」のように記載されています（図 1.5）．「105 mm 1:2.8」の場合，焦点距離 105 mm，口径比 1：2.8 です．口径比とは，図 1.6(a) のように，開放絞りのときにレンズを透過する光束の有効口径と焦点距離の比で，有効口径を 1 としたときに，焦点距離が何倍になるかを表します．有効口径を D，焦点距離を f とすると，口径比は D/f で，同じ焦点距離ならば有効口径が大きいほど口径比は大きくなり，有効口径が同じならば焦点距離が短いほど口径比は大きくなって，明るいレンズになります．レンズの明るさを口径比 D/f で表すと，小数点以下の数字になりわかりにくいので，一般には，口径比の逆数である F 値（絞り値）f/D で表します．例えば，口径比 1：2.8 の場合，F 値は，F2.8，f/2.8 のように表されます．絞りを絞っていくと F 値が大きくなって，有効口径が小さくなり，レンズが暗くなっていきます．

レンズを透過する光量は，絞りによって決まる有効口径を直径とした円の面積に比例します．例えば，f/8 から f/11 に絞ると，有効口径が $1/\sqrt{2} \fallingdotseq 0.7$ 倍，レンズの透過光量は半分になり，f/8 から f/5.6 に絞りを開けると，有効口径が $\sqrt{2}$ 倍 $\fallingdotseq 1.4$ 倍，レンズの透過光量は 2 倍になります．F 値は，f/1，f/1.4，f/2，f/2.8，f/4，f/5.6，f/8，f/11，

図 1.5 レンズの焦点距離，F 値の表示例．レンズ正面の外周部かレンズ鏡筒上面に記載されています．下のレンズの場合，鏡筒に焦点距離 105 mm，口径比 1:2.8 が刻印されています．

●開放絞り
レンズの絞りを最大に開いた，そのレンズに最も光が入る状態．

●有効口径
レンズ前面で測った絞りを通過する光束の直径．

●焦点距離
レンズの中心から像を結ぶ焦点までの距離．像の倍率は焦点距離に比例し，数字が小さいほど広角，大きいほど望遠になります．

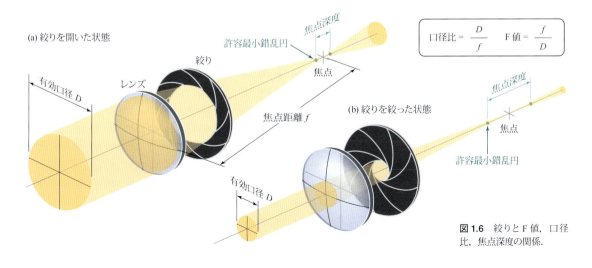

図 1.6 絞りと F 値，口径比，焦点深度の関係．

… のように小数点以下 1 桁までの数字で表し，光量が半分になる絞り操作を「1 段絞る」，光量が 2 倍になる絞り操作を「1 段開ける」といいます．カメラによって，1/2 段または 1/3 段ずつ絞りを設定できる機種もあります．

絞りには，被写界深度をコントロールする重要な役割があります．図 1.4(a) に示した辞書の写真で，絞りと被写界深度の関係を確認してください．F 値が小さいほど被写界深度が浅く，絞り込むほど被写界深度が深くなります．図 1.6 のように，焦点の前後で画像として鮮明に撮影できる範囲を焦点深度，像ボケの許容範囲を許容最小錯乱円といいます．被写界深度の深さは，焦点深度の深さによって決まります．図 1.6 の (a) 絞りを開いた状態と (b) 絞りを絞った状態とを見比べてください．F 値が小さい (a) では，焦点深度が浅く，画像として鮮明に撮影される被写体の前後距離は狭くなり，F 値が大きい (b) では，焦点深度が深く，被写界深度も深くなります．

カメラレンズは，収差による像の悪化を軽減するために，開放絞りから 1〜2 段程度絞って使うのがよいとされています．逆に絞りすぎると，光の回折（▶ 8.3.6　ピンホールの形状による回折像の違い（p.116）参照）によって，像ボケが生じます．カメラレンズは，多くの場合，f/5.6〜f/11 あたりの絞りで最も鮮明な像が得られます．

1.2.2　シャッター速度

シャッター速度はシャッターが開いている秒数で表し，露光量はシャッター速度に比例します．図 1.4(b) に示すように，例えば，シャッター速度を 1/60 秒から 1/125 秒に速くすると光量が半分になり，1/60 秒から 1/30 秒に遅くすると光量が 2 倍になります．この光量が半分／2 倍になるシャッター速度操作を，「シャッター速度を 1 段速くする」／「シャッター速度を 1 段遅くする」といいます．カメラによって，1/2 段または 1/3 段ずつシャッター速度を設定できる機種もあります．

動く被写体撮影や手持ち撮影のときに，被写体をブレずに写せるかどうかは，シャッター速度で決まります．通常のスナップ写真であれば，1/100 秒から 1/500 秒程度のシャッター速度でよいのですが，動きの速い被写体では，例えば，1/2000 秒のシャッター速度が必要になる場合もあります．図 1.4(b) にシャッター速度を変えて撮影した「かざぐるま」の例を示します．シャッター速度が速いほどブレが少なく，1/800 秒では，静止しているかのように写っています．

1.2.3　ISO 感度

ISO 感度は，国際標準化機構（ISO）が策定した写真フィルムの感度規格で，デジタルカメラの場合，センサーが光を感じる能力を表す値です．センサーは，受けた光を電気信号に変換します．ISO 感度を上げると，電気信号が増幅されます．例えば，ISO 感度を 2 倍にすると電気信号も 2 倍になり，センサーに入る光量が半分のときに適正露出となって，同じ絞りならシャッター速度を 1 段速くできます．逆に，ISO 感度を半分にすると，センサーに入る光量が 2 倍のときに適正露出となって，同じ絞りならシャッター速度を 1 段遅くする必要があります．信号の増幅が半分／2 倍になる ISO 感度操作を，「ISO 感度を 1 段上げる」／「ISO 感度を 1 段下げる」といいます．カメラによって，1/2 段または 1/3 段ずつ ISO 感度を設定できる機種があります．

ISO 感度を上げることでシャッター速度を速くでき，手ブレや被写体ブレを防ぐことができますが，ISO 感度を上げると，ノイズも増幅されるため，図 1.4(c) の撮影例のように，ISO 感度を上げ過ぎた写真ではノイズが発生してざらつきが目立ちます．

●被写界深度
焦点を合わせた被写体の前後で，画像として鮮明に撮影される範囲．

●焦点深度
焦点に対してセンサー面が前後にずれたときに，ピントが合っていると見なせる許容の距離．

●像ボケの許容範囲と許容最小錯乱円
デジタルカメラでは，CCD や CMOS などの 2 次元センサーで撮像し，像のボケがセンサーの画素間距離（画素ピッチ）を超えると像が悪化します．例えば，画素ピッチ 3 μm のセンサーでは，像ボケは 3 μm まで許容され，許容最小錯乱円の直径は 3 μm です．

●収差
収差とは，レンズなどの光学系が，結像面（センサー面）に被写体の像を結ぶときに発生する像のボケ，像のひずみ，色のにじみなどのことです．

●F 値，シャッター速度の数値表記
F 値は，1 段あたり $\sqrt{2}$ 倍ずつされますが，小数点以下 1 桁に丸められた数値で表記します．その丸め誤差の影響で，シャッター速度では，「1/60 秒から 1 段速くすると 1/125 秒」など，表示上端数が出てしまいます．

●露光時間
シャッターが開いている間，センサーがレンズを透過した光にさらされている時間．

日中の屋外撮影では，通常，ISO100〜400 を使用します．暗い被写体では，ISO 感度を上げてブレを防ぎますが，あまり上げ過ぎないようにしてください．

図 1.4 で，絞り，シャッター速度，ISO 感度を右に 1 段変えると光量が半分になり，左に 1 段変えると光量が倍になることをご理解いただけたと思います．例えば，絞りを 2 段開けたら，シャッター速度を 2 段速くすると，光量としては同じになります．

1.3　微弱光撮影ならではの注意点

本書で紹介する「光の実験」の撮影では，多くの場合，薄暗い中で，被写体が放つ微弱な光を撮影することになり，一般のスナップ写真撮影では気に留めないようなことに注意を払わなければならない場合もあります．ここでは，「光の実験」を撮影するときに注意すべきいくつかのポイントを挙げます．

1) ISO 感度：ノイズが目立たない低めの実用感度（100〜400 程度）に設定し，長時間露光で光量を稼ぎます．さらに感度が必要なら，ISO 感度を少しずつ上げます．
2) 迷光対策：植毛紙，暗幕などを使って，迷光を除去しましょう．また，不要な周辺背景の映り込みも防ぎましょう．
3) 三脚・雲台：堅牢な三脚・雲台を使用してブレを防ぎましょう．いくらカメラが高性能でも，三脚や雲台が脆弱では，ブレを防ぐことはできません．
4) 手ブレ補正機能：三脚使用時は，手ブレ補正機能をオフにしてください（図 1.7）．
5) マニュアルフォーカス：暗いとオートフォーカスが迷い，意図しない位置に合焦してしまうことがあります．オートフォーカスを切り，ライブビューの拡大画面を使って，望みの被写体位置にマニュアルで正確に焦点合わせをしましょう．
6) F 値設定：望みの被写界深度で被写体が写るように F 値を設定しましょう．
7) ホワイトバランス：設定に迷ったら，オートではなく「デイライト」にしましょう．
8) シャッター速度：マニュアルでシャッター速度を設定します．撮影では，シャッター速度を何段か変化させて撮影し，後から露光量の適当な画像を選びます．
9) 長時間露光ノイズ低減：長時間露光の場合，長時間露光のノイズ低減機能があればオンにします．ノイズ処理には，露光時間と同じ時間が掛かります．
10) 高感度ノイズ低減：ISO 感度を上げた撮影では，高感度ノイズ低減機能があればオンにします．
11) 照明：レフ板を使ってバウンス照明するなど，影ができないよう照明を工夫して，光源の映り込みを避けるようにしましょう．
12) 振動対策：リモートレリーズ，ミラーアップ，電子シャッターなどを活用し，極力振動を避けます．
13) ホコリ対策：ホコリの除去を徹底しましょう．

図 1.8 は，図 1.1 のオパールを撮影したときのカメラセッティングです．堅牢な小型三脚に自由雲台を取り付け，その上に配置したマクロ撮影用スライダーにカメラをマウントしています．焦点距離 105 mm のマクロレンズと接写リング（エクステンションチューブ）68 mm を組み合わせて像倍率を高め，振動を避けるためにリモートレリーズを使い，ミラーアップして，植毛紙の上に置いたオパールを撮影しています．

●迷光
本来撮影したい被写体以外の光が鏡筒内に入り込むと，コントラストの低下やゴーストの発生などの悪影響が出ます．こうした不要な光を迷光といいます．

●植毛紙
表面に短繊維を植え込んだビロードのような手触りの紙です．黒の植毛紙は表面反射が非常に少なく，光の撮影や光学実験の迷光対策に有効です．

●ホワイトバランス
色合いの異なる様々な光源に対して，撮影画像が望みの色調になるように行う補正のことです．

図 1.7　レンズ側面にある手ブレ補正をオフにした状態．手ブレ補正機能（ニコン製の名称は VR）付きレンズの場合，三脚を使った撮影では，手ブレ補正をオフにしましょう．

図 1.8　マクロ撮影のカメラセッティング例．図 1.1 のオパールは，このような配置で撮影しました．

Chapter 2 見える「光」を楽しもう

「光の実験」を美しく撮影するために，まず，目に見える「光」を作ることから始めます．空間を直進する光は，本来，見ることができません．しかし，光が空間に存在する「何か」と出会うと，「散乱」によって，光の一部が進行方向を変えて観測者の目に届き，観測者は光の存在に気付くことになります．例えば，図2.1の二重富士は，空気中に漂う小さな水滴，すなわち薄雲がスクリーンになって富士山の像が映り込み，水滴の散乱によってその像が見える現象です．ステージのスポットライト，森の木漏れ日，霧の中のヘッドライトなどの光線が帯状に見える現象も，同様に，空気中のチリや小さな水滴などが光を散乱することによって光の一部が目に到達し，光線が可視化されています．

このチャプターでは，散乱，蛍光，乱反射などの光学現象を利用して，光線を可視化する方法について説明していきます．

図 2.1 二重富士と雲の影．空気中に漂う小さな水滴がスクリーンになって富士山の影が映り込み，水滴が光を散乱することで，光線の一部が目に届いて，映り込んだ富士山の影が見える現象です．空気が澄んでいるときには，現れません．

2.1 散乱で光線を可視化する

2.1.1 散乱は粒子サイズで変わる[1)]

光は，電場と磁場が直交したまま光速で進む電磁波という波です（図2.2）．光が粒子に当たると，粒子の中の電子が光の電場振動で揺すられ，その結果として粒子はさまざまな方向に広がる光を放出します．これが散乱です．特に，入射光と同じ波長の光を放出する散乱を弾性散乱といいます．弾性散乱には，波長に比べ十分に小さい粒子（波長の数十分の1以下，例えば窒素分子）が起こすレイリー散乱，波長と競合するサイズの粒子（例えば，湯気：水分子が100億個程度凝集した1μmくらいの粒子）が起こすミー散乱があります．レイリー散乱では，散乱粒子が波長に対して十分に小さいため単一の散乱源と見なせ，光の電場振動軸方向から見た放射強度パターンは基本的に円形です（図2.3(a)）．レイリー散乱は，短波長ほど散乱強度が

図 2.2 光 = 電磁波．光は電磁波という波です．
$c = 2.99792458 \times 10^8$ m/s

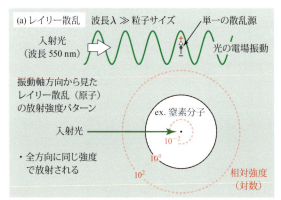

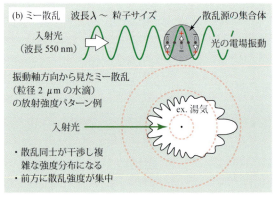

図 2.3 レイリー散乱とミー散乱．散乱源のサイズによって散乱の仕方が変わります．

強く，青い光を放出します．空が青く見えるのはレイリー散乱のためです（図 2.4）．一方，ミー散乱は，散乱粒子サイズが大きく，振動の位相がバラバラな散乱源の集合体として光を放射します．その結果，散乱同士が干渉して粒子のサイズや形に依存する複雑な放射強度パターンになり（図 2.3(b)），波長依存性が薄れ白い光を散乱します[4]．雲が白く見えるのは，雲を構成する水滴や氷の粒によるミー散乱のためです（図 2.4）．

2.1.2 便利なレーザーポインター

レーザーポインターは，比較的安価に，いくつかの波長のものが入手できるので，光線の可視化実験に最適です[5]．筆者が使用しているレーザーポインターは，図 2.5 に示す (a) 赤（波長 650 nm），(b) 緑（波長 532 nm），(c) 青（波長 405 nm）の 3 色です．レーザーポインターを使用する際には，安全基準[6, 7]を遵守し，レーザー光が眼に入ることがないよう，安全に十分に注意してください．

レーザーポインターの保持には，図 2.5(d) に示す小型 V ブロックを使用しました．

2.1.2 フォグマシンを使おう

光の散乱によって光線を可視化する手段としては，線香やタバコの煙を使う方法が有名ですが，図 2.6 に示すフォグマシン（スモークマシン）を利用するのが安全で便利です．フォグマシンは，舞台，映画，テーマパークなどの特殊効果で広く利用されているプロ用機器の他に，一般向け小型モデルも販売されていて，インターネットでも購入することができます．フォグマシンの能力は，電力量で表されます．本書のような光実験用途であれば，ホームパーティーなどで使用する最も小型のモデル（400 W 程度）で十分です．

フォグマシンの基本構成は，フォグ液（水と各種グリコールの混合液）を入れるタンク，フォグ液を熱して蒸発させ，ノズルからフォグを発生させる熱交換器，熱交換器にフォグ液を送り込むポンプです．高温に保たれた熱交換器にポンプで送り込まれたフォグ液は，熱せられて蒸発し，体積膨張します．その圧力によってフォグ液の蒸気がノズル先端から噴射されます．噴出後の蒸気は低温の空気と混じるとエアロゾルになり，光を散乱して白いフォグになります．これは，雲が白く見えるのと同じ原理です．

図 2.6 は，フォグマシンのノズルからフォグが噴出

図 2.4 レイリー散乱による青い空とミー散乱による白い雲．
［Nikon D7000, VR 16–85 mm f/3.5–5.6G (f=16 mm)，露出：プログラムオート（補正：0），フォーカス：オート，手ブレ補正：on, f/13, 1/640 秒，ISO：640］

図 2.5 実験に使用した RGB 3 色のレーザーポインター．(a) 赤（波長 650 nm）．(b) 緑（波長 532 nm）．(c) 青（波長 405 nm）．(d) レーザーポインター保持に便利な小型 V ブロック．

図 2.6 小型のフォグマシン（400 W）．

図 2.7 煙検知型火災報知器の例．フォグマシンを使って実験・撮影する場合，火災報知がフォグに反応してしまうので，一時的にオフにするか外しておきましょう．

図 2.8 迷光対策．ハードディスクのインジケーターランプを遮光します．微弱光の撮影では，わずかな光でも邪魔になることがあり，部屋にある電子機器のインジケーターに遮光テープを貼るなど，地道な対策が必要になる場合があります．

するようすです．フォグを利用する場合には，次のような点に注意してください．フォグマシンを直接光学系に向けて使用すると，フォグ液の飛沫が光学系に付着して，光学素子表面を汚してしまいます．別の方向に噴射し，団扇などを使って，撮影したい光線のところまでフォグを誘導してください．また，煙検知型火災報知器はフォグに反応してしまうので，設置している場合には一時的にオフにするか外してから実験しましょう（図 2.7）．

2.1.3 フォグでレーザー光を可視化する

フォグを使って，実際にレーザー光を可視化したのが図 2.9 です．レーザー光源およびレーザー光の背景は，暗幕，黒色ポスターボードなどで暗くしておきます．図 2.9 のように，光線と一緒にレーザー光源も写す場合は，室内を薄明るくします．図 2.9 の場合，室内照明は消して，紙で覆って光量調整した白色 LED 懐中電灯を白い天井に向けて点灯し，間接照明にしています．照明を消した室内を見回すと，いたるところで LED インジケーターが光っていることに気付きます．微弱光の撮影では，インジケーターに遮光テープを貼るなどの迷光対策が必要になる場合もあります（図 2.8）．

フォグを使った撮影では，ISO 感度を低く抑え，露光時間を長くすることで，フォグのムラが時間平均されて，きれいな光線を撮影することができます．また，図 2.9 の場合，3 色のレーザーポインターから伸びる光線をぼけることなく撮影するために，絞りを f/32 まで絞り込んで被写界深度を深くしています．

2.1.4 水中の光線を可視化する

散乱を利用すれば，水中を進む光も可視化することができます．一般的には，水に微量の牛乳を混ぜる方法が知られていますが，ここでは，牛乳よりもきれいな散乱光が得られる墨汁の使用例を紹介します．

図 2.10 は，牛乳の散乱を使って水中の光線を撮影しているようすです．円筒アクリル容器に，微量の牛乳を混ぜた水を入れ，容器の中心を通るようにレーザーを入射します．空気中の光線も見えるように，フォグマシンを使っています．

図 2.11 は牛乳の散乱を利用して光線を可視化した撮影例です．牛乳の成分には，

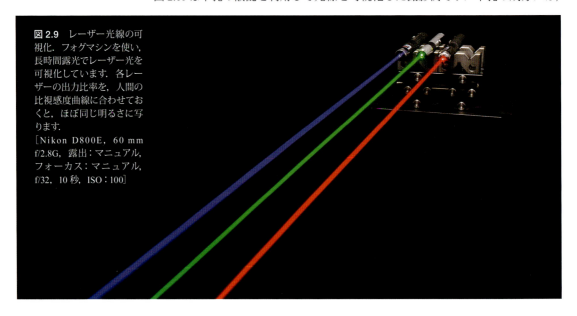

図 2.9 レーザー光線の可視化．フォグマシンを使い，長時間露光でレーザー光を可視化しています．各レーザーの出力比率を，人間の比視感度曲線に合わせておくと，ほぼ同じ明るさに写ります．
［Nikon D800E，60 mm f/2.8G，露出：マニュアル，フォーカス：マニュアル，f/32，10 秒，ISO：100］

比較的サイズの小さいタンパク質カゼインのミセル（20〜150 nm 程度）と粒径の大きい脂肪球（1〜100 μm 程度）が含まれます．ミセルのうち小さいものはレイリー散乱を起こしますが，それ以外の大きな粒子はミー散乱を起こします．さらに，一度散乱された光が再び別の粒子でミー散乱される多重散乱が起こるため，背景が濁ります（白色光なら白濁します）．

非常に薄い墨汁水溶液の散乱は，図 2.12 のように，背景が濁らず，高いコントラストで光線を可視化できます．墨汁の粒子サイズは不明ですが，牛乳に比べて粒子サイズが小さく，ミー散乱やその多重散乱が少ないために，良好な散乱が得られていると考えられます．

図 2.10 牛乳の散乱を使って水中のレーザー光を可視化する実験風景．床の暗幕に貼られているテープは，円筒容器を再現性よく置くためのマークです．また，画像全体のコントラストが悪いのは，フォグを焚いて空気中のレーザー光を可視化しているためです．

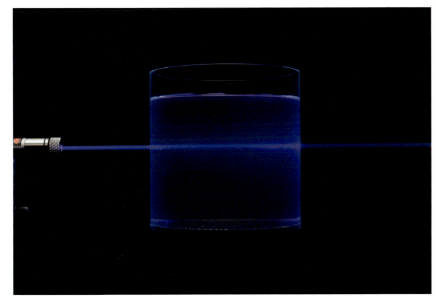

図 2.11 牛乳の散乱を利用した光線の可視化．ミー散乱，多重散乱によって，バックグラウンドが濁ります．［Nikon D800E, 60 mm f/2.8G, 露出：マニュアル，フォーカス：マニュアル，f/11, 10 秒, ISO：200］

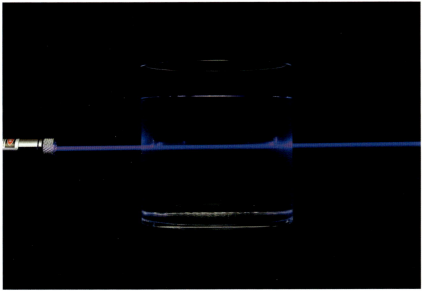

図 2.12 墨汁の散乱を利用した光線の可視化．ごく低い濃度で水に混ぜた墨汁は，背景が濁らず，コントラストの高い，とてもきれいな散乱をしてくれます．［Nikon D800E, 60 mm f/2.8G, 露出：マニュアル，フォーカス：マニュアル，f/9, 13 秒, ISO：100］

2.2 蛍光で光線を可視化する

散乱体を混ぜ込んだ樹脂製のプリズムが理科教材として販売されています．散乱性の教材プリズムは，明るい教室内での光線観察を目的として，強く散乱するように作られています．このプリズムをレーザー光線の撮影に使うと，強い散乱のために，図 2.13 のように散乱光が背景にまで広がって，コントラストが悪化してしまいます．このプリズムは，残念ながら，光線の撮影には適しません．

ここでは，散乱に代わる光線の可視化手段として，蛍光の利用法を説明します．図 2.14 は，ガラスの蛍光を利用した光路の可視化例です．青色レーザーポインター（波長 405 nm）をプリズムに入射すると，ガラスの蛍光によってプリズム内の光路が黄緑色に可視化されます．ちなみに，図 2.13，図 2.14 の空気中のレーザービームは，フォグマシンを使って可視化しています．蛍光発光を利用した場合，ガラス以外は蛍光を発しないため，背景を真っ暗にすることができ，コントラストの高い光線撮影が可能になります．

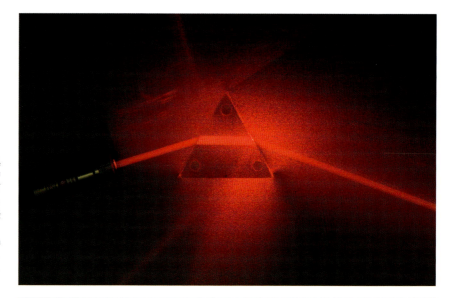

図 2.13 散乱体を混ぜ込んだプリズムの散乱．空中の光線はフォグマシンで可視化しました．目視に適した散乱性のプリズムは，撮影には向きません．
［Nikon D800E，60 mm f/2.8G，露出：マニュアル，フォーカス：マニュアル，f/20，8 秒，ISO：100］

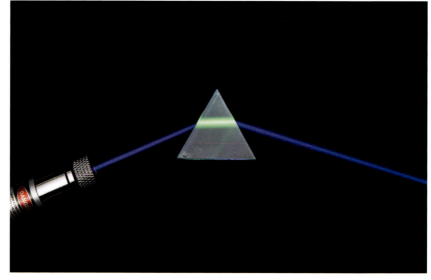

図 2.14 青色レーザーポインター（波長 405 nm）で励起されたガラスプリズムの蛍光．空中の光線はフォグマシンで可視化しました．三角形をしたプリズム側面 2 面がスリになっているので，プリズム内のビームが広がって見えています．
［Nikon D800E，60 mm f/2.8G，露出：マニュアル，フォーカス：マニュアル，f/8，8 秒，ISO：100］

2.2.1 蛍光発光のメカニズム

物質が短い波長の光を吸収して物質中の電子が励起され,それが基底状態に戻る際に,余分なエネルギーを長波長の光として放出する発光現象をフォトルミネッセンスといい,そのうち,発光寿命の短いものを蛍光,長いものを燐光と呼びます.

図 2.15 に紫外光励起から蛍光発光までの流れを示します.チャートの縦方向は,光のエネルギーを表し,上にいくほど光のエネルギーが高く,波長が短くなります.① エネルギーの高い光(例えば,波長 365 nm の紫外光)を物質に照射すると,光が吸収され,電子がエネルギーを得て励起されます.② 励起された電子は,分子内緩和や無放射遷移によって少しずつエネルギーを失いながら,電子励起状態の振動基底状態まで落ちます.③ 励起電子が電子励起状態の振動基底状態から電子基底状態に落ちるとき,余分なエネルギーが光として放出されます.このとき放出される光のエネルギーは,励起光のエネルギーより低く,波長が長い蛍光発光になります.この紫外光励起から蛍光発光までの一連のプロセスは,10^{-8} 秒程度の時間で完結します.

本書では,蛍光の励起光源として青色レーザーポインター(波長 405 nm)や紫外 LED 光源(波長 365 nm)を使用しています.特に,光線の可視化では,図 2.14 のように青色レーザーポインターが活躍します.

身の周りにあるものに紫外光を当ててみると,意外と多くのものが蛍光発光することに気が付きます.例えば,郵便物の表には,郵便番号と宛名から読み取られた住所全体を表すバーコードが透明な特殊インクで印刷されています.そのバーコードは,図 2.16 のように,紫外光の照射によってオレンジ色の蛍光を発します.

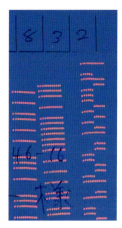

図 2.16 はがきに透明インクで印刷されたバーコードの蛍光.

図 2.15 蛍光発光のメカニズム.紫外光励起から蛍光発光までの一連のプロセスは,10^{-8} 秒程度の短い時間で完結します.

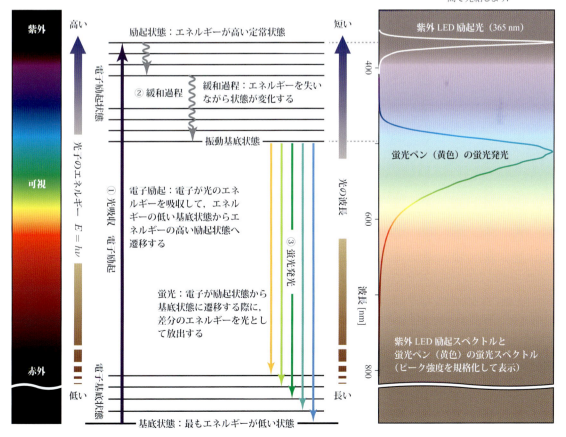

●屈折と反射
屈折率が異なる2つの物質の境界面に光が入射するとき，光の一部は境界面を透過し，残りは透過せずに入射側の物質中に戻ります．透過する光の進行方向が境界面で変化する現象を屈折，透過しない光が入射側の物質中に戻る現象を反射といいます．

●偏光子
自然光（ランダムな偏光）から特定の電場振動面をもつ直線偏光のみを透過させる光学素子．

●屈折の法則
光が2つの媒質の界面を超えて進むとき，媒質の屈折率と入射角・屈折角の関係を表した法則です．
$n_i \sin \theta_i = n_t \sin \theta_t$

ここで，n_i は入射側媒質の屈折率，θ_i は入射角，n_t は出射側媒質の屈折率，θ_t は屈折角です．

2.2.2 ガラス中の光線を可視化する

　教材用のレンズやプリズムなど比較的安価なガラス製品では，紫外光照射によって，ガラスに含まれる不純物が蛍光を発します．それに対して，合成石英などの光学ガラスは蛍光を出しません．図 2.17 は，直径 10 cm のガラス製半円筒プリズムに，青色レーザー（波長 405 nm）を入射した場合の屈折と反射です．空気中はフォグの散乱，プリズム内はガラスの蛍光によって光線が可視化されています．

　図 2.18 は，方解石に青色レーザーを入射して，常光線と異常光線が分離して進むようすを可視化した画像です．方解石は，平行六面体をした炭酸カルシウム（$CaCO_3$）の結晶で，透明な結晶は偏光子に使用されます．方解石には，方向によって光の伝搬速度が異なる光学異方性（複屈折性）があり，図 2.18 のように，光は方解石の中を2方向に分かれて進みます．一方は，真っ直ぐ進む光（紙面に垂直な偏光）で，屈折の法則に従うことから常光と呼ばれ，他方は，複屈折によって斜めに進む光（紙面に平行な偏光）で，屈折の法則に反した挙動をすることから異常光と呼ばれます．

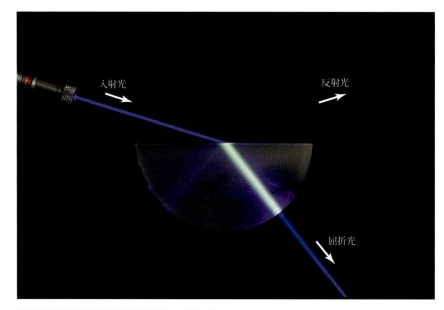

図 2.17 ガラス製半円筒プリズムの屈折光．空気中はフォグの散乱，ガラス中はガラス含有物の蛍光で光線を可視化しています．
[Nikon D800E，105 mm f/2.8G，露出：マニュアル，フォーカス：マニュアル，f/8，20 秒，ISO：100]

図 2.18 方解石の常光と異常光．含有不純物の種類によって異なる色の蛍光を発します．
[Nikon D800E，60 mm f/2.8G，露出：マニュアル，フォーカス：マニュアル，f/11，13 秒，ISO：100]

2.2.3 蛍光で水中の光線を可視化する

蛍光は，水中の光線を可視化するのにも応用できます．実験に使用したのは，市販の水溶性蛍光ラインマーカー（図 2.19）です．ここでは，ラインマーカーを使いましたが，製品によっては補充用の蛍光インクを購入することができます．

図 2.20，図 2.21 は，それぞれ，青色の蛍光インクを水に溶かした場合の蛍光，オレンジ色の蛍光インクを水に溶かした場合の蛍光です．蛍光インクの濃度は，「ラインマーカーのペン先を水面に浸けては攪拌する」ことを何回か繰り返して調整しました．光源には，青色レーザーポインター（波長 405 nm）を用いています．図 2.20，図 2.21 ともに，空気中はフォグを使って光線を可視化しています．

蛍光を利用した光線の可視化では，青色レーザーの光路のみが発光しますから，バックグラウンドを暗く保つことができ，コントラストの高い画像を撮ることができます．蛍光の発光効率は，蛍光の色によって大きく異なります．図 2.20 の青は発光効率があまり高くなく，図 2.21 のオレンジは少量溶かすだけで非常によく光ります．

図 2.19 実験に使用した蛍光ラインマーカー．

図 2.20 青色の蛍光インクの蛍光発色．蛍光の発光効率はあまり高くありません．明るい青の蛍光が欲しい場合は，衣服用洗剤に配合される蛍光増白剤が有効です．蛍光増白剤は，紫外光を吸収し青い蛍光を発することで，白い衣服の黄ばみを打ち消し，見た目の白さを増す効果がある衣料用の染料です．
［Nikon D800E，60 mm f/2.8G，露出：マニュアル，フォーカス：マニュアル，f/11，10 秒，ISO：200］

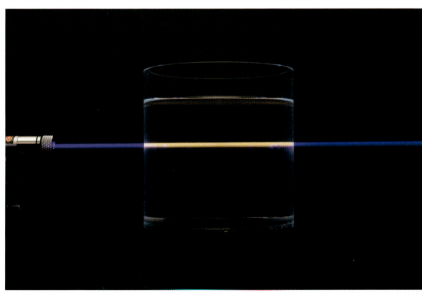

図 2.21 オレンジ色の蛍光インクの蛍光発色．少量（水面に数回ペン先を浸ける程度）でよく光ります．
［Nikon D800E，60 mm f/2.8G，露出：マニュアル，フォーカス：マニュアル，f/11，10 秒，ISO：200］

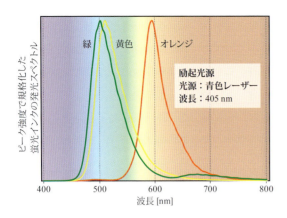

図 2.22 蛍光インクの発光スペクトル.

図 2.23, 図 2.24 は,それぞれ,黄色の蛍光インクを水に溶かした場合の蛍光,緑色の蛍光インクを水に溶かした場合の蛍光です.どちらも,少量溶かすだけでよく光ります.また,両者の蛍光発光の色はよく似ています.黄色蛍光インクは,波長 405 nm の光で励起した場合には,図 2.23 のように,黄色ではなく黄緑色に光ります.図 2.22 の蛍光発光スペクトルを比較してみると,黄色インクと緑色インクの蛍光スペクトルは似ていますが,オレンジ色インクの蛍光スペクトルとは明らかに異なります.この黄緑色の蛍光を発する黄色蛍光インクを紙に塗って,照明光の下で見ると明らかに黄色く光るのは,励起波長の違いによるものと考えられます.

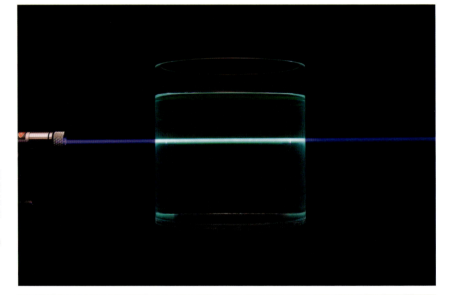

図 2.23 黄色の蛍光インクの蛍光発色.発光効率は高く,少量でよく光ります.黄色蛍光インクなのに,波長 405 nm の光で励起すると黄緑色に光ります.
[Nikon D800E, 60 mm f/2.8G, 露出:マニュアル, フォーカス:マニュアル, f/11, 10 秒, ISO:200]

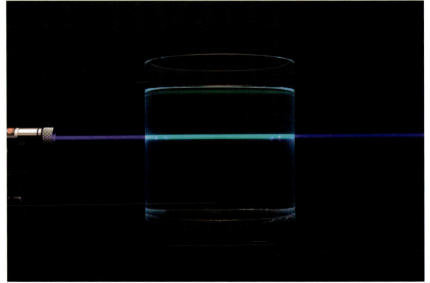

図 2.24 緑色の蛍光インクの蛍光発色.少量でよく光ります.黄色と緑色の蛍光発色色は,よく似ています.
[Nikon D800E, 60 mm f/2.8G, 露出:マニュアル, フォーカス:マニュアル, f/11, 10 秒, ISO:200]

図 2.25 はピンク色の蛍光インクを水に溶かした場合の蛍光です．ピンク色の蛍光インクの発光効率は，あまりよくありません．

図 2.26 は，オレンジ色と緑色の蛍光インクを適当な比率で混ぜた場合の蛍光です．上手い比率で混ぜれば，白色に近い蛍光を作ることもできます．発光効率が良い蛍光インク同士の足し合わせなので，よく光ります．

図 2.27 は，長さ 2 m 程度の塩化ビニールチューブの片側を閉じて，異なる色の蛍光インク水溶液を，層状になるように順番に入れていき，上方から青色レーザーを照射した写真です．インク水溶液同士が混じり合わないように静かに注ぎ込めば，図 2.27 のような蛍光色のグラデーションを楽しむことができます．

青色レーザー
（波長：405 nm）

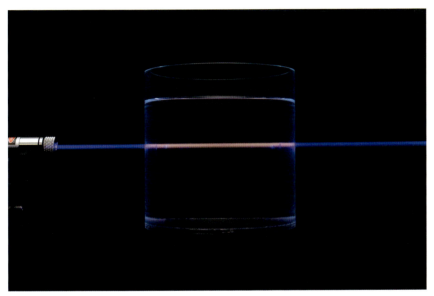

図 2.25 ピンク色の蛍光インクの蛍光発色．発光効率はあまりよくありません．
[Nikon D800E，60 mm f/2.8G，露出：マニュアル，フォーカス：マニュアル，f/11，10 秒，ISO：200]

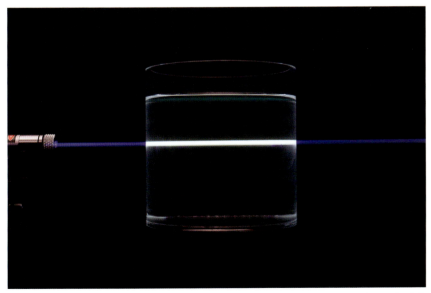

図 2.26 擬似的な白色蛍光．オレンジ色と緑色の蛍光インクを適当な比率で混ぜると，白色に近い蛍光発光も作り出せます．
[Nikon D800E，60 mm f/2.8G，露出：マニュアル，フォーカス：マニュアル，f/11，10 秒，ISO：200]

図 2.27 蛍光色のグラデーション．ビニールチューブに，異なる色の蛍光インク水を層状に入れました．
[Nikon D800E，24–70 mm f/2.8 (f=42 mm)，露出：マニュアル，フォーカス：マニュアル，f/9，6 秒，ISO：100]

2.3 LEDライン光源を使って光線を可視化する

図 2.28 のようなライン光源ユニットを用意すれば，紙などの表面乱反射を利用した光線の可視化が可能です．図 2.28 のライン光源ユニットでは，乾電池を使った電源回路で白色 LED を点灯し，半切凸レンズを使ってコリメート光にした後，等間隔に並んだ 7 本のスリットを通して，ライン状の 7 連のコリメート光を出射させています．LED ライン光源の作り方は，▶ 8.1 LED ライン光源を作る (p.98) で後述します．

図 2.29 は，光の伝搬を図示する場合の代表的な 2 つの描き方です．光を波として表す場合，(a) のように，波の山の波面と谷の波面を描きます．真っ直ぐに進む平面波の波面は直線，レンズで集光される球面波の波面は円弧で表します．一方，光の進行方向を光線として描く場合は (b) のように描きます．図 2.28 の LED ライン光源は，図 2.29(b) の描き方を実験的に再現することができる光源です．

LED ライン光源を使った光線の可視化には，紙などの表面乱反射を利用します．鏡のように入射角と等しい反射角方向に出射する反射を正反射と呼ぶのに対して，反射角以外の方向にも広がって出射する反射を乱反射と呼びます．乱反射の出射方向が広がる程度は，表面の凹凸状態によってさまざまです．紙の場合，紙表面の微細な凹凸によって，入射した光は乱反射して，図 2.30 のように，空間のあらゆる方向に広がります．

図 2.31 は，LED ライン光源を使って光線を可視化した撮影例です．上下がカットされた教材用の凸レンズ（図 2.32）をコピー用紙の上に置いて，LED ライン光源の光を入射し，凸レンズによって光が屈折・集光するようすを可視化してみました．LED ライン光源を使えば，図 2.31 のように，レンズ形状の違いによって収差の出方が異なることを視覚的に示すことができます．

●コリメート光
光が集光したり拡散したりしないよう，平行状態に調整されたビーム光のことをコリメート光といいます．コリメート光は，図 2.29(a) 左側のような平面波の光で，波の形が変わらずに進みます．レーザービームは，代表的なコリメート光です．コリメート光を光線で表すと，図 2.29(b) 左側のように，平行な光線になります．平行光，平行光束などと呼ばれることもあります．

図 2.28 白色 LED を用いた LED ライン光源．［Nikon D800E，60 mm f/2.8G，露出：マニュアル，フォーカス：マニュアル，f/20，60 秒，ISO：200］

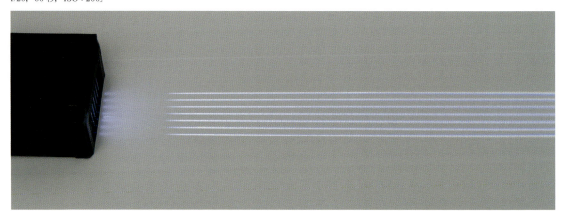

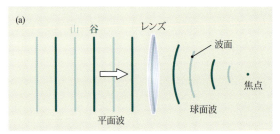
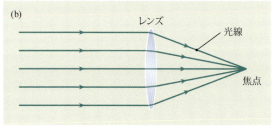

図 2.29 光の図示方法．(a) 光を波として表す場合，山の波面と谷の波面を描きます．真っ直ぐ進む平面波は直線，レンズで集光される球面波は円弧になります．(b) 光の進行方向を光線として描く方法です．LED ライン光源で可視化することができます．

2.3 LEDライン光源を使って光線を可視化する

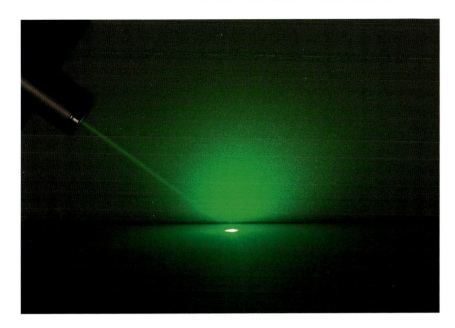

図 2.30　紙表面で起こる乱反射.
[Nikon D800E, 24–70 mm f/2.8G (f=56 mm), 露出:マニュアル, フォーカス:マニュアル, f/22, 2.5 秒, ISO:160]

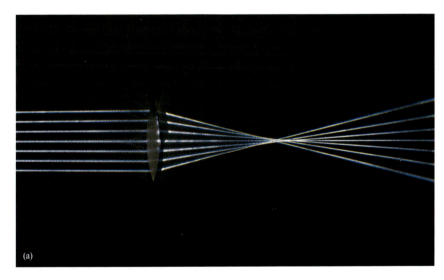

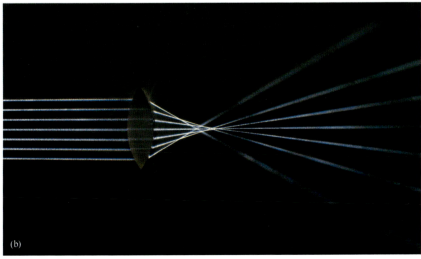

図 2.31　LEDライン光源を使った光線の可視化例 1. (a)焦点距離が長い凸レンズと (b)焦点距離が短い凸レンズの収差の出方を, 画像で比較することができます.
[Nikon D800E, 60 mm f/2.8G, 露出:マニュアル, フォーカス:マニュアル, f/11, 5 秒, ISO:100]

図 2.32　上下がカットされた教材用凸レンズ.

Chapter 3 色の変化を楽しもう

このチャプターでは，紫外光照射で色が変化する鉱石の蛍光発光，偏光で見ると色が付くプラスチックや砂糖水を例に，通常の自然光のもとでは見ることのできない色彩の変化を楽しんでいくことにしましょう．

3.1 鉱物の美しい蛍光色

最初に，鉱物（蛍光鉱石）に紫外光を照射することで現れる蛍光発光の美しい色彩変化を見ていきます．紫外光励起によって蛍光発光する原理は，図 2.15 で説明した通りです．ここでは，まず，蛍光発光の純粋な「色」を楽しむために注意すべき実験や撮影のポイントについて触れます．

●蛍光鉱石
鉱石の中で，紫外光の照射によって蛍光を発するものを蛍光鉱石といいます[8]．

3.1.1 蛍光撮影のポイント

フランクリン鉱山（アメリカ）の蛍光鉱石に紫外光（波長 365 nm）を照射しながら撮影した図 3.1 をご覧ください．赤や緑に光る蛍光鉱石の背景は暗幕を使って黒くしていますが，まるで夜空に舞う無数のホタルのように，幻想的な青い光が画像全体に映り込んでいます．この青い光は，何だと思いますか？ 実は，紫外光の照射によって，暗幕に付着したホコリが蛍光を発し，それが丸くボケて写っているのです．室内のあちらこちらに紫外光を照射してみると，実は，自分がおびただしい数のホコリに囲まれて生活しているという知りたくもない事実を知らされるはめになります．ホコリの蛍光をわざと入れた図 3.1 のような写真も，ある意味美しいのですが，蛍光鉱石

図 3.1 フランクリン鉱山の蛍光鉱石の蛍光発光．周辺のホコリを除去せずに撮影すると，幻想的な写真ができあがります．
[Nikon D800E，105 mm f/2.8G，露出：マニュアル，フォーカス：マニュアル，f/5，10 秒，ISO：160]

の純粋な「色」を楽しむことが目的ならば，ホコリは邪魔です．迷光対策とホコリの除去は，蛍光鉱石を美しく撮影するための第一歩といっても過言ではありません．

黒い背景を作るには，黒色ポスターボード，黒画用紙，植毛紙，暗幕などを利用します．暗幕の中でも，ハイミロン暗幕は，反射が非常に少なく，蛍光撮影以外にも黒背景が必要な撮影では大変重宝します．図 3.2 は，ライン状の白色 LED 光源の直下に，黒画用紙，ハイミロン暗幕，黒色ポスターボードを並べて置き，反射の強さを比較した写真ですが，ハイミロン暗幕が際立って黒いことがわかります．

暗幕を張って固定し背景にする場合には，図 3.3 のスタジオ撮影用万能クリップを使うのが便利です．スタジオ撮影用万能クリップは，挟む力が非常に強いので，いろいろなものの固定に応用することができます．カメラ店やインターネットで入手できますので，複数個セットで用意しておくとよいでしょう．

試料や光学系のホコリの除去には，ブロアブラシ，レンズペーパーなどを使いますが，暗幕に付いたホコリの除去には，粘着テープ式カーペットクリーナー，荷造り用ガムテープ，養生テープなどの粘着テープが有効です．特にハイミロン暗幕は，低反射性能は申し分ないのですが，ホコリが毛足に付着しやすいので，撮影開始前のホコリ除去は必須です．掃除機でホコリをあらかた吸い取った後，図 3.4(a) のように，粘着テープをハイミロン暗幕表面に貼って剥がすと，ホコリがテープの粘着層に付着して，図 3.4(b) のように，暗幕表面のホコリを除去することができます．1 回では不十分なので，テープを繰り返し貼って剥がし，撮影画角内の暗幕表面に付着したホコリをきれいに取り除きます．

図 3.2 低反射性能比較．ハイミロン暗幕の反射率は，非常に低いことがわかります．

図 3.3 スタジオ撮影用の万能クリップ．暗幕を張って固定するときなどに便利です．

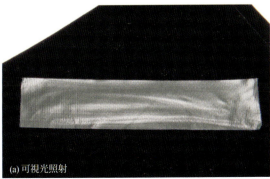

図 3.4 暗幕に付いたホコリの除去．掃除機をかけた後，ガムテープなどの粘着テープを繰り返し貼って剥がしてホコリを除去します．

3.1.2 紫外光を発するブラックライト

蛍光を励起するには，紫外光を発するブラックライトと呼ばれる光源を用います．紫外光の発光波長が 360 〜 400 nm のものを長波，200 〜 300 nm のものを短波と呼びます．一般に入手しやすいものは，図 3.5(a) 蛍光灯ブラックライトや (b) LED ブラックライトなど長波帯の製品です．図 3.5(a), (b) の光り方や図 3.6 のスペクトルを見ればわかるように，ブラックライトの光にはわずかながら可視光が含まれています．蛍光を確認するだけなら，可視光を含んでいても問題ありませんが，本書の蛍光鉱石の撮影では，純粋な蛍光発光の「色」を楽しむのが目的なので，波長 365 nm の蛍光顕微鏡用紫外 LED 光源と 365 nm 用バンドパスフィルター UG1 を組み合わせた，可視光が出ない紫外励起光源を使用しました（図 3.5(c)）．

図 3.5 蛍光励起光源の例．(a) ブラックライト（蛍光灯，波長 365 nm），(b) ブラックライト（LED，波長 390 nm），(c) 蛍光顕微鏡用 UV–LED 光源＋紫外バンドパスフィルター UG1（波長 365 nm）．

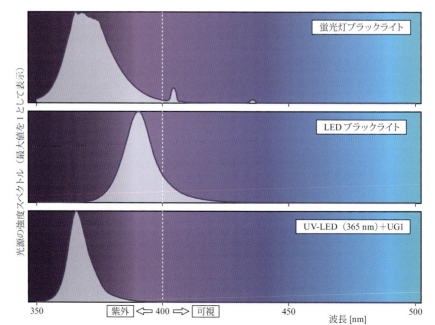

図 3.6 蛍光励起光源の発光スペクトル．同じブラックライトという名前でも，種類が違うと発光スペクトルが異なります．純粋な蛍光色を見るのであれば，可視光をカットするフィルターを併用して，紫外光のみを照射する必要があります．

3.1.3 変身する蛍光鉱石

さまざまな鉱石に紫外光を当てて，きれいに光る蛍光鉱石を探します．ここでは，波長 365 nm の紫外光照射で色鮮やかに変身する蛍光鉱石たちを見ていきましょう．

・晶洞（geode，ブラジル）

晶洞は，堆積岩や火山性の岩石中にできた空洞で，内部は水晶などで覆われています（図 3.7）．含まれる不純物の種類によって異なる色の蛍光を発します（図 3.8）．

・フランクリン鉱山（アメリカ）の蛍光鉱石

フランクリン鉱山は，蛍光鉱石で有名なニュージャージー州にある鉱山です．図 3.9 の蛍光鉱石は，紫外光の照射によって，まるで別の石に変身します（図 3.10）．鮮やかな黄緑色は珪亜鉛鉱，赤色はマンガンを含んだ方解石の蛍光です．

図 3.7 可視光照明で撮影した晶洞．
［Nikon D800E，105 mm f/2.8G，露出：マニュアル，フォーカス：マニュアル，f/29，1/3 秒，ISO：3200］

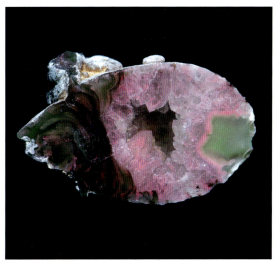

図 3.8 紫外光を照射して撮影した晶洞．
［Nikon D800E，105 mm f/2.8G，露出：マニュアル，フォーカス：マニュアル，f/29，10 秒，ISO：3200］．

図 3.9 可視光照明で撮影したフランクリン鉱山の蛍光鉱石．
［Nikon D800E，105 mm f/2.8G，露出：マニュアル，フォーカス：マニュアル，f/18，2.5 秒，ISO：160］

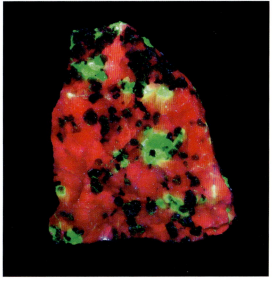

図 3.10 紫外光を照射して撮影したフランクリン鉱山の蛍光鉱石．
［Nikon D800E，105 mm f/2.8G，露出：マニュアル，フォーカス：マニュアル，f/18，25 秒，ISO：160］．

- **ウェルネル石（wernerite，カナダ）**

 カナダ，ケベック州に産出する柱石（scapolite）の一種で，可視光で普通に見ると白くて地味ですが（図 3.11），紫外光の照射によって，鮮やかな黄色の蛍光を発します（図 3.12）．特に長波紫外光の照射で強く蛍光します．

- **蛍石（fluorite，ブラジル）**

 蛍石の主成分はフッ化カルシウム（CaF_2）で本来は無色透明ですが，不純物を含む場合には色が付きます（図 3.13）．不純物にレアアース（希土類元素）が含まれると，紫外光照射で蛍光を発することから，蛍石と名付けられました（図 3.14）．英語名のfluorite は，熱に弱く炎にかざすと融ける性質，金属の精錬時に炉に投入すると容易に流れ出す性質から，ラテン語の「流れる（fluere）」を語源に名付けられました．

図 3.11 可視光照明で撮影したウェルネル石．
［Nikon D800E，105 mm f/2.8G，露出：マニュアル，フォーカス：マニュアル，f/14，1/2 秒，ISO：125］

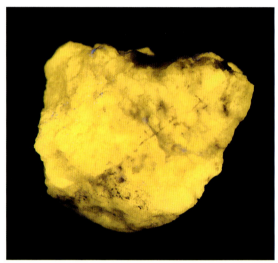

図 3.12 紫外光を照射して撮影したウェルネル石．
［Nikon D800E，105 mm f/2.8G，露出：マニュアル，フォーカス：マニュアル，f/14，5 秒，ISO：125］．

図 3.13 可視光照明で撮影した蛍石．
［Nikon D800E，105 mm f/2.8G，露出：マニュアル，フォーカス：マニュアル，f/29，1/1.6 秒，ISO：3200］

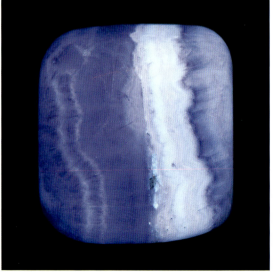

図 3.14 紫外光を照射して撮影した蛍石．
［Nikon D800E，105 mm f/2.8G，露出：マニュアル，フォーカス：マニュアル，f/29，2 秒，ISO：3200］．

- ラピスラズリ（lapis lazuli，アルゼンチン）

　和名を瑠璃といいます．方ソーダ石の一種である青金石（ラズライト）を主成分とする複数の鉱物の混合物で，古くから青色顔料ウルトラマリンの原料，宝石として珍重されてきました．図 3.16 はラピスラズリの原石（図 3.15）の蛍光画像ですが，別のラピスラズリ丸玉は異なる色の蛍光を発します（図 3.17）．また，インターネット上では，図 3.16，図 3.17 のどちらとも異なる蛍光発色の画像も紹介されています．

- ルビー（ruby，インド）

　コランダム（鋼玉，Al_2O_3）の変種で，ダイヤモンドに次ぐ硬度をもつ特徴的な赤色をした宝石です．日本語では，紅玉と呼ばれます．ルビーの原石（図 3.18）に紫外光を照射すると，光を吸収して，鮮やかな赤い蛍光を発します（図 3.19）．

図 3.17 ラピスラズリ丸玉の蛍光．左半分が可視光照射，右半分が紫外光照射での撮影です．

図 3.15 可視光照明で撮影したラピスラズリの原石．
［Nikon D800E，105 mm f/2.8G，露出：マニュアル，フォーカス：マニュアル，f/29，1/1.3 秒，ISO：3200］

図 3.16 紫外光を照射して撮影したラピスラズリの原石．
［Nikon D800E，105 mm f/2.8G，露出：マニュアル，フォーカス：マニュアル，f/29，4 秒，ISO：3200］．

図 3.18 可視光照明で撮影したルビーの原石．
［Nikon D800E，105 mm f/2.8G，露出：マニュアル，フォーカス：マニュアル，f/29，1/2.5 秒，ISO：3200］

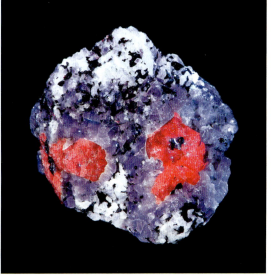

図 3.19 紫外光を照射して撮影したルビーの原石．
［Nikon D800E，105 mm f/2.8G，露出：マニュアル，フォーカス：マニュアル，f/29，6 秒，ISO：3200］．

・ハックマン石（hackmanite，アフガニスタン）

図 3.20(a) のハックマン石は，ソーダ石（ソーダライト）の塩素成分のうち，ごく一部が硫黄に置き換えられた変種で，長波紫外光の照射によって，図 3.20(b) のようにオレンジ色の蛍光を発します．

ハックマン石は，光にさらされると色が薄れて，暗闇に数週間放置するか，X 線や紫外光を照射すると元の色に戻るという性質があります．図 3.20(c) は，数分間の紫外光照射によって，硫黄が紫外光を吸収し，色が濃くなったハックマン石です．同じハックマン石でも，産地によって色変化のようすが異なり，アフガニスタン産の図 3.20(a) では，淡い赤紫から濃い赤紫色に変わります．

・ウルツ鉱（wurtzite，ギリシャ）

等軸晶系の閃亜鉛鉱と組成が同じ ZnS で，結晶系が六方晶系のものが，図 3.21(a) のウルツ鉱です．紫外光の照射によって，図 3.21(b) のように，オレンジや黄色の蛍光を発します．

また，ウルツ鉱が発する蛍光には，励起紫外光の照射を消しても 1 秒程度の間は蛍光発光が残るという珍しい性質があります．

← 図 3.20　ハックマン石．(a) 可視光で照明して撮影．(b) 波紫外光を照射し蛍光発光を撮影．(c) 紫外光照射後，可視光照明で撮影．(a) と (c) を比べると，紫外光照射後の (c) の方が，赤紫色が濃くなっています．
［Nikon D800E，105 mm f/2.8G，露出：マニュアル，フォーカス：マニュアル，f/14，1.6 秒，ISO：100］

↓ 図 3.21　ウルツ鉱．(a) 可視光で照明して撮影．
［Nikon D800E，105 mm f/2.8G，露出：マニュアル，フォーカス：マニュアル，f/14，1/1.6 秒，ISO：200］
(b) 紫外光を照射して蛍光を撮影．
［Nikon D800E，105 mm f/2.8G，露出：マニュアル，フォーカス：マニュアル，f/14，6 秒，ISO：200］．

・ブルーアンバー (natural blue amber, ドミニカ共和国)

アンバー (琥珀) の中でも，青や青緑の蛍光を発するものをブルーアンバー (青琥珀) といいます (図3.22)．太陽の下で，複雑かつ神秘的な青色を呈することから，宝石として珍重されます．室内の可視光照射では (a) の色ですが，紫外光と可視光の両方を照射すると (b)，紫外光のみ照射すると (c) のように青色の蛍光によって色調が変化します．ドミニカ共和国産のブルーアンバーが有名で，ドミニカン・ブルーアンバーの名称で呼ばれます．

・ウランガラス (uranium glass)

ウランガラスは，ガラスを黄色や緑色に着色するために，ごく微量 (0.1％程度) のウランが添加されたガラスです．紫外光照射によって黄緑色の蛍光を発します (図3.23)．その発祥は 1830 年頃のヨーロッパで，食器や装飾品などのウランガラス製品が盛んに作られてきました．しかし，1940 年代を境に生産が途絶え，現在入手できるウランガラス製品のほとんどは骨董品です．

→ 図 3.22 ブルーアンバー．(a) 可視光照明で撮影．(b) 紫外・可視両方の光を照明して撮影．(c) 紫外光を照射して蛍光を撮影．太陽の下では，(b) のように見えます．
[Nikon D800E，105 mm f/2.8G，露出：マニュアル，フォーカス：マニュアル，f/22，10 秒，ISO：100]

↓ 図 3.23 ウランガラス製のアンティークグラス．(a) 可視光照明で撮影．(b) 紫外光を照射して蛍光を撮影．協力：川田正和氏 (ライテック)．
(a) [Nikon D800E，60 mm f/2.8G，露出：マニュアル，フォーカス：マニュアル，f/20，1/5 秒，ISO：2500]
(b) [Nikon D800E，60 mm f/2.8G，露出：マニュアル，フォーカス：マニュアル，f/20，2 秒，ISO：200]

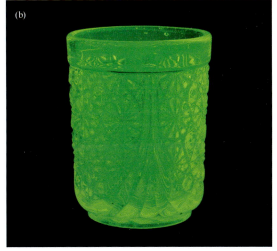

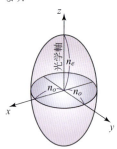

図 3.24 複屈折性．全方向の屈折率の大きさをグラフで表したものを屈折率楕円体といいます．xyz の 3 軸のうち 1 軸（ここでは z 軸）の屈折率だけが異なるものを 1 軸性結晶といい，屈折率が異なる軸を光学軸，その屈折率を異常光屈折率 n_e と呼びます．光学軸と直交する方向の屈折率は，みな等しく常光屈折率 n_o で表します．

n_e：異常光屈折率
n_o：異常光屈折率

● 検光子
偏光を使った光学系の中で，偏光の有無や偏光面の方向を知る目的で，試料より後に置かれる偏光子を検光子と呼びます．

3.2 偏光がなければ見えない色彩

光の電場振動が特定方向に偏った光を偏光，なかでも 1 つの面内で振動する偏光を直線偏光といい，自然光（ランダム偏光）から直線偏光を作り出す素子を偏光子（直線偏光子）と呼びます．偏光フィルムは，最も身近な偏光子で，自然光を入射すると，透過軸方向の直線偏光が出射されます（図 3.25(a)）．偏光子では，透過軸方向の振動成分のみが透過するため，自然光を入射した場合，出射光の強度は入射光の約半分になります．2 枚の偏光フィルムに光を透過させると，2 枚の偏光フィルムの角度関係によって，透過する光の強度が変化します．透過軸が平行な場合（図 3.25(b)），1 枚目で作られた直線偏光は，そのまま 2 枚目を透過します．この偏光配置を平行ニコルと呼びます．出射側の偏光子（検光子）を 90°回転させ透過軸が直交した状態（図 3.25(c)）にすると，光は透過しなくなります．これを直交ニコルと呼びます．

3.2.1 複屈折で色が付く

方向によって屈折率が異なる性質を複屈折性（光学異方性）といいます（図 3.24）．2 枚の偏光フィルムを直交ニコルに配置すると光は透過しませんが，その間に複屈折物質を適当な方向にして挟むと光が透過するようになります．

図 3.27(a) のように，x 軸方向と y 軸方向で屈折率が異なる複屈折物質に，x 軸から 45°回転した振動面をもつ偏光を入射したとしましょう．複屈折物質中の光の x 成分と y 成分は，異なる屈折率を感じて異なる速度で物質中を進行します．そのため，物質通過後の x 成分と y 成分には位相差が生じて，合成される出射光は入射光とは異なる偏光状態になります．位相差は波長に依存して変化するため，出射光の偏光状態も波長ごとに変わります．図 3.27(b) のように，位相差が波長（360°）の整数倍になる

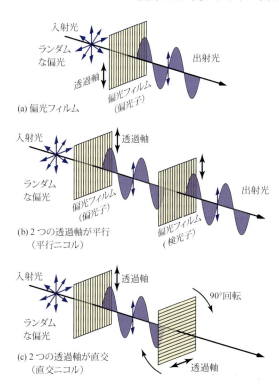

図 3.25 偏光フィルムと平行ニコル配置，直交ニコル配置．

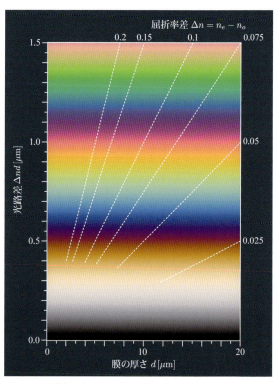

図 3.26 干渉色図表．

波長では,出射偏光の方向が検光子と直交して光は透過できませんが,図 3.27(c) のように,位相差が半波長(180°)の奇数倍になる波長では,出射偏光は検光子の透過軸と平行な直線偏光になり,検光子を透過します.プラスチック製品のように,場所によって厚さや複屈折の向きにバラツキがある場合,検光子を透過できる波長が場所によって変化するため,カラフルに色付いて見えます.

図 3.26 の干渉色図表は,直交する 2 つの偏光が複屈折物質を透過した後,2 つの偏光の光路差が Δnd のときに生じる偏光色の色を示しています.干渉色図表では,図中の点線で示した屈折率差 Δn の値がわかれば,偏光色の色から,複屈折性物質の厚さと光路差の関係を見積もることができます.

●光学距離 nd

屈折率 n の媒質中を光が物理的な距離 d 進むとき,屈折率と距離の積 nd を光学距離または光路長と呼びます.光学異方性媒質の場合,x 軸と y 軸の屈折率差を Δn とすると,媒質の透過によって,x 軸の直線偏光と y 軸の直線偏光の間には,Δnd の光路差が生じます.

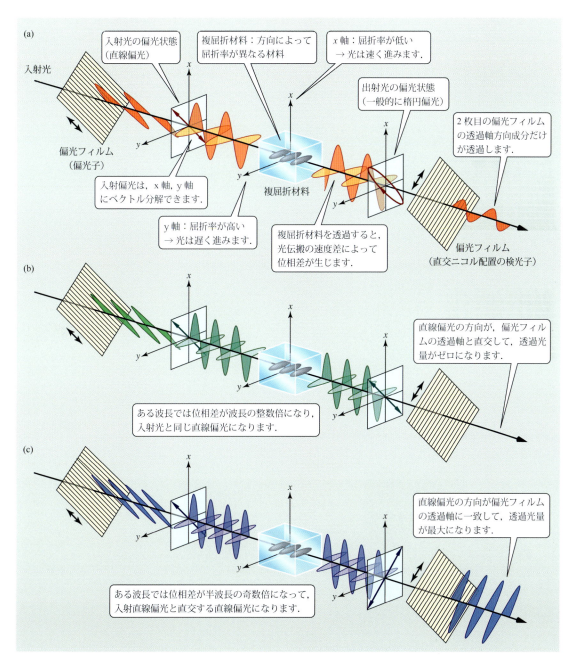

図 3.27 複屈折物質で起こる偏光変化と透過光の色.複屈折による偏光変化によって透過光の色が決まります.

3.2.2 LCD を白色直線偏光光源として使おう

プラスチックなどの偏光色をきれいに撮影するには，ある程度の面積で均一な白色光が出る，輝度が高い直線偏光光源を使います．実は，コンピューターの液晶ディスプレイ（LCD：liquid crystal display）の多くは，高品質な白色直線偏光光源として利用できます．図 3.30 は，最大輝度でディスプレイ全面を白表示させた LCD を直線偏光光源にして，図 3.31 のセッティングで，直交ニコル配置の真ん中に CD ケースを置いて撮影しています．検光子としては，図 3.28 のように直線偏光が入射して円偏光が出射する円偏光子（カメラ業界ではサーキュラー PL：C-PL と呼びます）を使用しています．円偏光子は，ガラス基板表面外側に偏光フィルム，裏面レンズ側に 1/4 波長の位相差フィルムが貼られていて，入射光を偏光フィルムで直線偏光にした後，1/4 波長の位相差フィルムで円偏光に変換します．デジタルカメラの場合，CMOS センサー，ハーフミラー，ローパスフィルターなど光学素子の偏光特性が画像やオートフォーカスに悪影響しないように，C-PL を使用します．市販のデジタルカメラ用 C-PL は，図 3.29 のような外観で，レンズ先端にねじ込んで使用します．

3.2.3 身近なものの偏光色

身の周りにある透明なプラスチック製品を，直交ニコル配置の偏光で観察してみると，虹色の不規則なパターンを見ることができます．ここでは，いくつかのプラスチック製品が偏光で色付くようすを見ていきましょう．

・プラスチック製 CD ケース

図 3.32 の CD ケースなどプラスチック製品の多くは，射出成形（injection molding）という方法で作製されています．射出成形では，樹脂材料を加熱溶融した後，金型に射出注入し，徐冷・固化させて成形品を作製します．射出成形は，最も一般的なプラスチック成形法の 1 つで，複雑な形状の製品を大量生産するのに適しています．

射出成形では，溶融した樹脂を金型に射出注入する際に，樹脂が流動する方向に沿って樹脂の分子配向が並ぶ流動配向が起きます．複屈折物質の光学軸の方向は，配向の方向で決まるので，図 3.33 のように，直交ニコル配置の偏光で見ると流動配向分布を反映した虹色の偏光色が観察できます．写真右上にある溶融樹脂を注入した射出口付近では，射出口を中心に偏光色が放射状に変化していて，乱れた流動配向のようすがわかります．

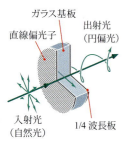

図 3.28　円偏光子．直線偏光子と 45°方位の 1/4 波長板によって，自然光を円偏光に変換します．

図 3.29　サーキュラー PL（C-PL）の外観．入射する偏光方向が変えられるように，偏光子が回転できる構造になっています．

図 3.30　LCD の白表示を偏光光源にした複屈折色の撮影．C-PL の役目をする円偏光フィルムを手で持っているため，レンズ前の C-PL（図 3.29）は外して撮影しています．
［Nikon D800E, 105 mm f/2.8G, 露出：マニュアル，フォーカス：マニュアル，f/8, 1/60 秒, ISO：500］

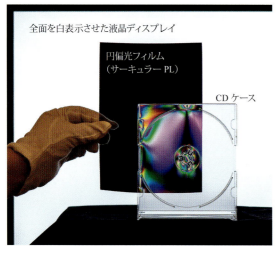

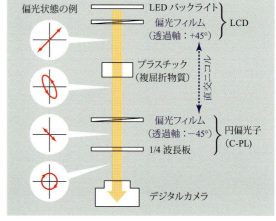

図 3.31　LCD を光源にした偏光色撮影の偏光素子配置．

・プラスチックのスプーンとフォーク

　カップ麺を食べるときなどに使用されるプラスチック製のスプーンやフォークも，射出成形で作られています．自然光の下で見ると，図 3.34 のように透明ですが，直交ニコル配置の偏光で見ると，流動配向によって複屈折の軸方位がバラバラになり，場所によって複屈折の大きさが変化して，図 3.35 のように虹色に色付きます．一方，光学異方性がないガラスのコップは，偏光で見ても色付くことはありません．

●流動配向

外力，電場，磁場などによって分子の方向が揃うことを配向といいます．射出成形では，溶融した樹脂の流れによって，樹脂の分子鎖が流動方向に沿って並ぶ流動配向が生じます．

図 3.32　自然光（ランダム偏光）で撮影した CD ケース．
［Nikon D800E，60 mm f/2.8G，露出：マニュアル，フォーカス：マニュアル，f/7.1，1 秒，ISO：200］

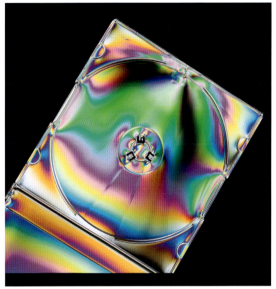

図 3.33　直交ニコル配置の偏光で撮影した CD ケース．
［Nikon D800E，60 mm f/2.8G，露出：マニュアル，フォーカス：マニュアル，f/7.1，1/10 秒，ISO：200］

図 3.34　自然光（ランダム偏光）で撮影したプラスチックの食器．
［Nikon D800E，105 mm f/2.8G，露出：マニュアル，フォーカス：マニュアル，f/22，6 秒，ISO：200］

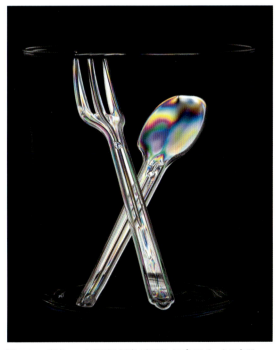

図 3.35　直交ニコル配置の偏光で撮影したプラスチックの食器．
［Nikon D800E，105 mm f/2.8G，露出：マニュアル，フォーカス：マニュアル，f/22，1 秒，ISO：200］

・競泳用ゴーグル

　競泳用のゴーグルのプラスチック部分も，自然光（ランダム偏光）では色が付きません（図3.36）．しかし，直交ニコル配置の偏光で見ると，図3.37のように，偏光色で色付いて見えます．成形プラスチック外周部のエッジ付近では，射出成形時の流動配向ムラや応力が発生しやすく，偏光色が乱れる傾向があります．

・セロハンテープケース

　どの家庭にもあるであろうセロハンテープのケースも撮影してみました．図3.38のように，自然光（ランダム偏光）では透明ですが，直交ニコル配置の偏光では，流動配向に沿った虹色の偏光色が見られます（図3.39）．ケースの方向を変えたり，カメラレンズ前のC–PLを回すと，偏光色が変化します．また，偏光配置を直交ニコルから平行ニコルに替えると，偏光色の色調が反転します．

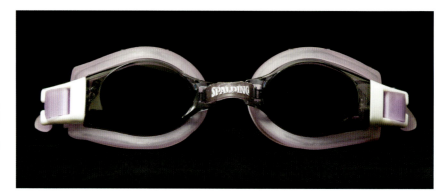

図3.36　自然光（ランダム偏光）で撮影した競泳用ゴーグル．
[Nikon D800E, 60 mm f/2.8G, 露出：マニュアル, フォーカス：マニュアル, f/10, 1/1.3秒, ISO：200]

図3.37　直交ニコル配置の偏光で撮影した競泳用ゴーグル．
[Nikon D800E, 60 mm f/2.8G, 露出：マニュアル, フォーカス：マニュアル, f/10, 1/4秒, ISO：200]

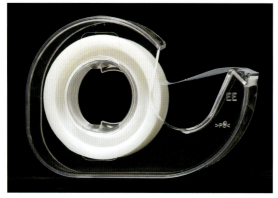

図3.38　セロハンテープケースを自然光（ランダム偏光）で撮影．
[Nikon D800E, 105 mm f/2.8G, 露出：マニュアル, フォーカス：マニュアル, f/20, 2.5秒, ISO：100]

図3.39　セロハンテープケースを偏光を使って撮影．
[Nikon D800E, 105 mm f/2.8G, 露出：マニュアル, フォーカス：マニュアル, f/20, 1.3秒, ISO：100]

3.2 偏光がなければ見えない色彩

・透明テープの複屈折

図 3.40 のように，セロハンテープを重ね貼りして，偏光で見るステンドグラスを作るのは，理科実験教室などで行われるポピュラーな実験です．ここでは，事務用透明テープ（3M 社の「透明美色」を使いました）の偏光色を紹介します．透明テープは，セロハンテープより複屈折が小さく，より細かな色階調を作り出すことができます．

図 3.42 はスライドガラスに貼った多層の透明テープ（0 ～ 45 枚）を自然光（ランダム偏光）で撮影，図 3.43 は直交ニコル配置の偏光で撮影した写真です．図 3.43 の色階調は，干渉図表（図 3.26）の色変化を，忠実に再現していることがわかります．

図 3.42 の作製法を示します．透明テープ大巻 1 巻を用意し，カッターで幅方向に深く切れ込みを入れて，50 層程度（厚さ 2 ～ 3 mm）を半周ほどの長さに切り出します（図 3.41）．テープの片端を図 3.44 のように斜めカットして層数を数え，望みの枚数にします．透明テープをスライドガラスに貼り付け，幅方向にカッターで切れ込みを入れて斜めカット側から 1 枚剥がします．切れ込み位置を 3 mm ほど斜めカット側にずらして，この操作を層数分繰り返します．ガイド線を書いた紙の上に基板を固定して作業すると，図 3.42 のように，きれいに仕上げることができます．

セロハンテープと比較した図 3.45 でわかるように，透明テープは，セロハンテープの 1/4 程度の複屈折しかないので，4 倍細かい色階調が作り出せます．

図 3.40　セロハンテープで作る偏光ステンドグラス．セロハンテープを重ね貼りして偏光で見ると，ステンドグラスのように見えます．

図 3.41　透明テープの大巻から 50 層程度のテープを切り出したところ．

図 3.42　自然光（ランダム偏光）で撮影した多層の透明テープ（0 ～ 45 層）．[Nikon D800E，60 mm f/2.8G，露出：マニュアル，フォーカス：マニュアル，f/10，1/6 秒，ISO：200]

図 3.43　直交ニコル配置の偏光で撮影した多層の粘着テープ（0 ～ 45 層）．[Nikon D800E，60 mm f/2.8G，露出：マニュアル，フォーカス：マニュアル，f/10，1/25 秒，ISO：200]

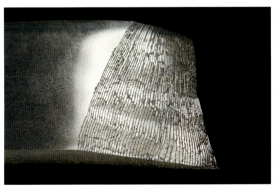

図 3.44　テープ片端の斜めカット．1 枚ずつ剥がしていきます．

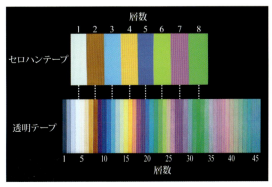

図 3.45　セロハンテープと透明粘着テープの色階調の違い．

3.3 砂糖水をカラフルにする

ここでは，砂糖水（ショ糖水）を使い，旋光性による偏光面の回転を画像化する実験をしていきましょう．アミノ酸や糖などの不斉炭素を含む化合物には，右手と左手のように，互いの立体化学構造が鏡像関係にある1対の鏡像異性体（光学異性体）が存在します（図 3.46）．光学異性体は，化学構造式が同じでも，光学活性（旋光性）や生理的な作用（味，毒性など）が異なります．旋光性とは，図 3.47 のように，直線偏光が媒質中を透過するときに，透過する距離に比例して偏光面が回転する現象です．旋光性は，直線偏光の成分である右円偏光と左円偏光に対して，媒質の屈折率が異なることによって生じます．

3.3.1 ショ糖の旋光度

ショ糖水に直線偏光を入射すると，図 3.47 のように，ショ糖水中の光の進行に伴って，偏光面が回転していきます．光の出射側から見て，偏光面の回転が時計回りを右旋性，反時計回りを左旋性といいます．比旋光度 α は，光路長 1 dm = 10 cm あたりに偏光面が回転する角度で，右旋性を正方向とします．温度 20℃ における飽和ショ糖水の場合，波長 589.3 nm（ナトリウムのD線），光路長 10 cm の条件で，偏光面は右に 66.5° 回転し，比旋光度は $[\alpha]_D^{20} = +66.5°$ と表されます．

3.3.2 ショ糖水を作る

ショ糖水は，グラニュー糖をお湯に溶かして作りました．グラニュー糖は，純度の高いショ糖（約 99.9%）です．ショ糖は水への溶解度が高く，表 3.1 のように，20℃ の水 100 g に 200 g 程度溶けます[9]．ショ糖水の濃度は，飽和の9割程度にしてください．飽和させてしまうと，室温の変動，水の蒸発でショ糖が析出します．

グラニュー糖の溶かし方の一例を示します．光線を散乱で可視化する場合（図 3.60 〜図 3.63）は墨汁を適量溶かした水，光線を蛍光で可視化する場合（図 4.14）は蛍光インクを適量溶かした水，それ以外は真水を用意します．その水を湯煎で 50℃ 程度に温めてから，常温における飽和量の9割程度のグラニュー糖を少しずつ溶かしていきます．大量のグラニュー糖を溶かすには，かなりの時間を要しますから，湯煎の湯が冷めないよう，卓上ガスコンロなどで温度を保ちながら溶かします．グラニュー糖を溶かしきったら，常温まで冷まします．もし，ショ糖が析出していたら飽和しているので，析出したショ糖が入らないように，飽和ショ糖水を別容器に移し，濃度9割程度まで水で薄めます．薄める水に水道水をそのまま使うと，気泡が発生する恐れがあるので，一度煮沸した水か湯煎に使った水を使いましょう．

● 不斉炭素
分子中の炭素原子が4つの異なる原子もしくは原子団と共有結合しているとき，その炭素原子を不斉炭素原子と呼びます．

図 3.46 互いに立体化学構造が鏡像関係にある1対の鏡像異性体（光学異性体）．

表 3.1 砂糖（ショ糖）の溶解度[9]

温度 [℃]	溶解度*
0	179.2
20	203.9
40	238.1
60	287.3
80	362.1
100	485.2

* 溶解度：水 100 g に溶けるショ糖のグラム数

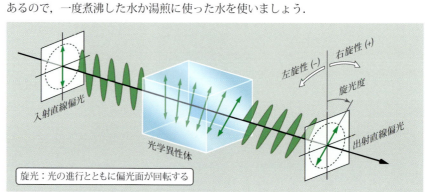

図 3.47 旋光性．光が光学異性体を透過するとき，偏光面が徐々に回転します．ショ糖水の場合，出射側から見て右回りに偏光面が回転します（右旋性）．

3.3.3 ショ糖水の旋光性を確認する

ショ糖水の旋光性を確認する簡易的な実験をしました（これは，本来，単色のコリメート光で行うべき実験です）．図 3.48 がそのセッティングです．ハロゲンタングステン光源を下から上向きに光らせて，白いアクリル板の上に偏光フィルム，ショ糖水を入れる円筒アクリル容器，検光子の役目をする偏光フィルムの順に配置し，透過光を上方のカメラで撮影しました．使用する波長帯を多少でも制限するために，アクリル板の下に青いセロハンを敷いています．

ショ糖水を入れない状態では，図 3.49(a) のように，直交ニコル配置で消光します．ショ糖水を少し入れた (b) では，ショ糖の旋光性によって偏光面が回転し，直交ニコル配置では消光しません．ショ糖は右旋性なので，検光子を右回りに回転させていくと，(c) ショ糖の旋光度分回転した位置で再び消光します．このときのショ糖水の厚さと，検光子の回転角から，比旋光度が求まります．ショ糖水を継ぎ足すと，また消光しなくなりますが，(d) のように，増加した旋光度分だけ検光子を右に回転させると再び消光します．

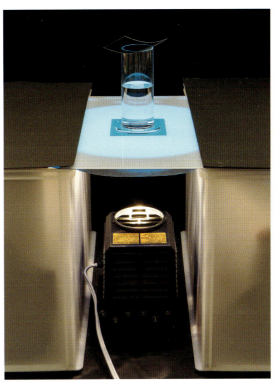

図 3.48 ショ糖の旋光度を確かめる簡易的な実験のようす．

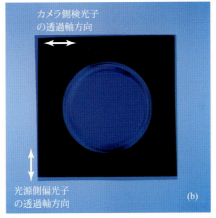
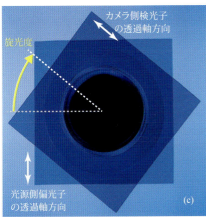
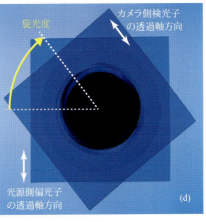

図 3.49 光が透過するショ糖水の厚さに比例して変化する旋光度．(a) ショ糖水を入れなければ，偏光子と検光子が直交ニコル配置で消光します．(b) ショ糖水を入れると，旋光によって偏光面が回転し，消光しなくなります．(c) ショ糖による旋光度の分だけ検光子を右に回転すると再び消光します．(d) ショ糖水を継ぎ足すと，また消光しなくなりますが，検光子をさらに右に回転させると，再び消光します．

3.3.4 どうして旋光で色が付くのか

同じショ糖水でも，その濃度，測定時の温度や波長が変わると，比旋光度の値は変化します．旋光性が光の波長によって変化する現象を旋光分散といいます．通常は，波長が短くなるほど旋光度の絶対値は増加します．

図 3.50 は，ショ糖の旋光度が，(a) 長波長の赤，(b) 中間波長の緑，(c) 短波長の青の順に，短波長ほど大きな値になることを表した概念図です．また，直交ニコル状態の偏光子と検光子の間に挟まれたショ糖水の旋光によって，検光子から出射する光の振幅が変わるようすも描かれています．検光子からの出射光の振幅について，図 3.50(b) を例に考察しましょう．緑色の入射光は，偏光子によって垂直方向の直線偏光になり，ショ糖水に入射します．ショ糖水中を透過することで，直線偏光の偏光面は時計回りに回転します．旋光度分回転してショ糖水から出射した直線偏光は，水平方向に透過軸をもつ検光子と出会います．このとき，検光子を透過できる光は，出射直線偏光の水平成分だけです．

図 3.50 旋光分散．旋光度の波長による変化を旋光分散と呼びます．

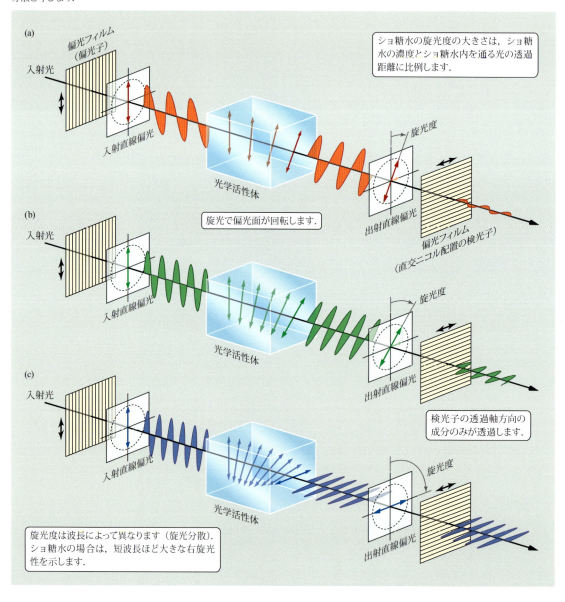

検光子からの出射光強度（振幅を 2 乗すれば光強度になります）を，旋光度が異なる図 3.50(a)，(b)，(c) で比較してみましょう．ショ糖による旋光の結果，検光子の透過軸である水平方向の成分が少ない赤は透過光強度が弱く，水平成分が多い青は透過光強度が強くなります．つまり，旋光度が 90°の奇数倍のときに透過光強度は最大になり，旋光度が 90°の偶数倍のときに透過光強度はゼロになります．検光子を透過した光が全て足されて目に届くので，図 3.50 の例では，透過光は青っぽく見えることになります．どの波長の光が主に検光子を透過してくるかは，旋光度の大きさと検光子の透過軸方位の関係で決まるので，ショ糖水の濃度やショ糖水中の光路長が変わると旋光度が変化し，検光子を透過する光の色が変わることになります．また，検光子の透過軸を回転すると，透過光の色が変化します．

図 3.51(a) は，ワイングラスの中に濃度の異なるショ糖水を 2 層に入れて，自然光で撮影した写真です．下層が高濃度のショ糖水，上層が低濃度のショ糖水です．最初，ワイングラスの 7 分目程度まで高濃度のショ糖水を入れ，残りは水を足して，上層の水を優しくかき混ぜ，薄いショ糖水の上層を作りました．自然光で見れば，当然，透明なショ糖水ですが，濃度による屈折率の違いによって，上下 2 層であることがわかります．図 3.51(b) は，偏光を使って撮影した写真です．入射側の白色光源および偏光子には，最大輝度で白表示した LCD を使用しています．ショ糖水の濃度が違う上層下層で，透過光の色の違いが際立つように，検光子（C–PL）の透過軸方位を決めて撮影しました．さらに，検光子を回転させ，図 3.51(b) とは対照的な色になるよう検光子の透過軸方位を決めて撮影したのが図 3.51(c) です．

撮影のバリエーションとして，ショ糖水の中にガラス製のマドラーなどを挿入しても，部分的に光路長が変わり，透過光の色に変化が付いて面白いかもしれません．

図 3.51 ショ糖の旋光による発色．(a) 濃度の違う 2 層のショ糖水を，偏光していない自然光で見ると，透明なショ糖水です．
［Nikon D800E，105 mm f/2.8G，露出：マニュアル，フォーカス：マニュアル，f/29，1/1.6 秒，ISO：200］
(b) 偏光で見ると，ショ糖水の濃度の違いによって色が異なります．(c) カメラ側の検光子（C–PL）を回転させると色が変わります．
［Nikon D800E，105 mm f/2.8G，露出：マニュアル，フォーカス：マニュアル，f/29，1.3 秒，ISO：200］

3.3.5 偏光面の回転を画像化する

図 3.47 で説明したように，ショ糖水中を直線偏光が透過するときに，透過する距離に比例して偏光面が時計回りに回転する旋光が生じます．ここでは，ショ糖水の旋光によって，偏光面が次第に回転していくようすを画像化してみましょう．

図 3.53 は，緑色レーザー（波長 532 nm）の直線偏光がショ糖水中を進む間に，偏光面が回転しているようすを画像化した写真です．水槽に入った直後の偏光方向が垂直になる位置では光線が最も明るくなり，光が右方向に進みながら偏光面が時計回りに回転して偏光方向が水平になる位置では光線が消失，さらに光が右方向に進みながら偏光面が時計回りに回転して偏光方向が垂直になる位置では光線が最も明るくなるという具合に，光路の明暗が繰り返されています．ここでは，まず，アクリル水槽の作製などの実験準備，可視化に用いた散乱の偏光特性について説明してから，撮影結果を紹介します．

表 3.1 に示したように，ショ糖は水への溶解度が高いので，図 3.54 のような薄型で背の低いアクリル水槽を作製し，ショ糖の使用量を減らしました．レーザー光は，水槽の左面から入射しますが，右面からの反射光が水槽内に戻らないように，右面は斜めにしています．水槽のサイズは，長さが 550 mm，奥行きの内寸が 15 mm です．アクリル板のカッティングには図 3.52(a) のアクリルカッターを用い，安全のため (b) 作業用手袋を左手に着用して加工しました．アクリル板の接着，組立は，図 3.56 のアクリル樹脂用接着剤を使用して，換気の良いところで行います．

光線は，墨汁の散乱を使って可視化しました．この実験では，散乱光が入射光の直線偏光状態を保持している必要があるので，光線の可視化に，多重散乱が多く白濁する牛乳は使えません．墨汁は，牛乳より粒子サイズが小さく多重散乱が少ないと考え

図 3.52 アクリルカッター．(a) アクリルカッターはアクリル板工作の必須アイテムです．(b) 作業用手袋．ケガがないよう十分に注意して加工作業をしましょう．

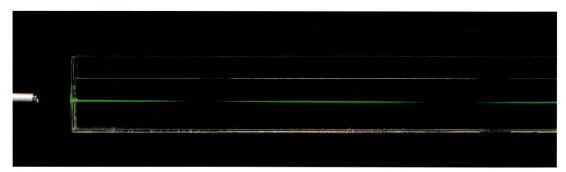

図 3.53 旋光の可視化画像．緑色レーザー（波長：532 nm）の光がショ糖水中を進む間に生じる旋光が可視化されています．
［Nikon D800E，60 mm f/2.8G，露出：マニュアル，フォーカス：マニュアル，f/9，30 秒，ISO：100］

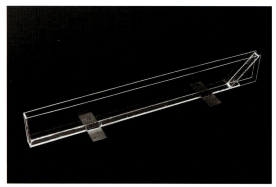

図 3.54 アクリル板で作製した薄型実験水槽．

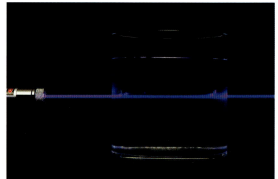

図 3.55 墨汁の散乱を使ったレーザー光の可視化．

られます（▶ 2.1.4 水中の光線を可視化する (p.10) 参照）．墨汁は，吸収があるので，非常に薄い水溶液にして使用します．あらかじめ，レーザー光で確認しながら，適正な散乱強度が得られる濃度に調整してから，ショ糖を溶かすのがよいでしょう．ショ糖水の作り方は，▶ 3.3.2 ショ糖水を作る (p.34) で紹介した通りです．

図 3.57 で，光の波長より小さな粒子が起こす散乱について説明します[1]．入射直線偏光が小さな粒子に当たると，粒子の中の電子が光の電場振動で揺すられ，その結果，粒子はさまざまな方向に広がる散乱光を放出します．散乱光の空間的な強度分布は，図 3.57 のような穴のないドーナツ状のパターンになります．すなわち，揺すられた電子の振動と直交する赤道面で最も強く放射され，緯度が高くなるにつれて強度が減少し，電子の振動方向である極方向では，放射強度がゼロになって光は放射されません．そして，放射される散乱光の偏光は，図 3.57 のように，全て電子の振動方向の直線偏光，つまり入射光と同じ直線偏光です．

旋光しながらショ糖中を進む直線偏光が，途切れ途切れの光線として観察される理由を，図 3.58 で考察しましょう．水槽に入射する光は，垂直方向の直線偏光です．その位置では，墨汁粒子に垂直の直線偏光が入射し，垂直の直線偏光が散乱されます．

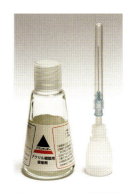

図 3.56 アクリル樹脂用接着剤．

図 3.57 微小粒子の散乱．入射光の偏光方向が保存され，その放射強度は「穴のないドーナツ」のような分布になります．

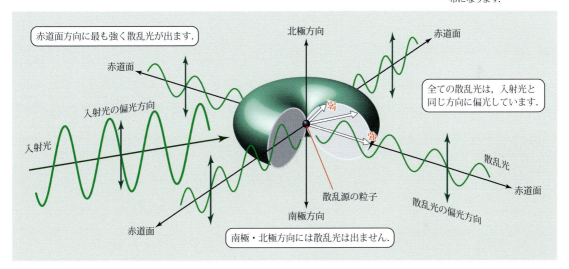

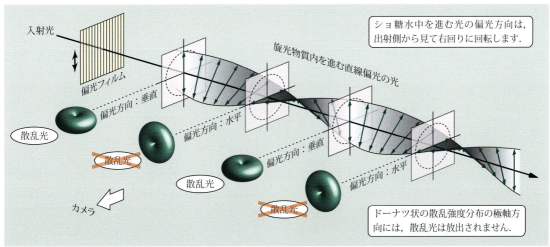

図 3.58 散乱を使ったショ糖水中の旋光状態の可視化．ショ糖水の中では旋光によって偏光方向が出射側から見て右回りに回転していて，散乱粒子に入射する偏光の方向も変化します．そのため，散乱が見える場所と見えない場所が旋光度 90°ごとに繰り返し現れます．

図 3.57 で示したように，揺すられた電子の振動と直交する赤道面で最も強く散乱されるので，カメラがある水平方向では強い散乱光が観測されます．一方，ショ糖の旋光によって偏光面が回転して，レーザー光が水平方向の直線偏光になる位置では，墨汁粒子に水平の直線偏光が入射し，水平の直線偏光が散乱されます．このとき，電子の振動方向がカメラのある水平方向に向きます．振動方向には散乱光は放射されないので，光線は見えません．ショ糖水中では，光の進行に伴って偏光面が回転していきますから，光線が見える位置，消える位置が旋光度 90°ごとに繰り返し現れることになります．

図 3.59 は，ショ糖水中の旋光を可視化した図 3.60 ～図 3.63 の撮影風景です．暗幕，黒色ポスターボードなどを使って黒背景を作り，迷光対策をしています．カメラレンズには，レンズ外径に合わせて穴を開けた黒色ポスターボードをはめて，撮影機材や周辺背景が水槽表面に映り込むのを防いでいます．撮影時の室内照明は，レーザー光路の撮影に最適な露光条件のときに，水槽がかろうじて写る暗さにします．

図 3.60 ～図 3.62 は，それぞれ，赤色レーザー（波長 650 nm），緑色レーザー（波長 532 nm），青色レーザー（波長 405 nm）を光源として，レーザー光の偏光面が，ショ糖水の旋光によって，次第に回転していくようすを可視化した写真です．いずれの波長でも，レーザー光は，水槽の左面外側に貼った偏光フィルムを通って，垂直方向の直線偏光が水槽に入射されています．水槽に入った直後の偏光方向が垂直になる位置では散乱が最も明るく，光が右方向に進みながら偏光面が時計回りに回転して偏光方向が水平になる位置では散乱が消失，さらに光が右方向に進みながら偏光面が時計回りに回転して偏光方向が垂直になる位置では散乱が最も明るくなる，という具合に散乱の明暗が繰り返されています．

波長が長い赤色の光（波長 650 nm）では，旋光度が比較的小さく，図 3.60 のように，散乱が消失する位置は 1 カ所です．緑色の光（波長 532 nm）では，図 3.61 のように散乱が消失する位置が 2 カ所見られます．光路が明滅する周期から，波長 650 nm の旋光度より波長 532 nm の旋光度の方が高いことがわかります．図 3.61 の場合，光路が明滅する 1 周期の距離が約 241 mm，その間に偏光面が 180°回転することから，実験に使用したショ糖水の波長 532 nm における比旋光度は約 + 75°と見積もることができます．図 3.62 に示す波長が短い青色の光（波長 405 nm）では，蛍光が励起されてしまい，光路明滅のコントラストが悪化していますが，散乱が消失する位置を 3 カ所確認できます．図 3.60 ～図 3.62 から，ショ糖水の旋光分散は波長が短くなるほど増加することがわかります．

図 3.63 は，ハロゲンタングステン光源の白色光を直線偏光のコリメート光にして入射し，ショ糖水中の旋光を可視化した画像です．各波長で旋光度が異なり，散乱光が消失する位置がずれるため，このような虹色の光線を作り出すことができます．ハロゲンタングステン光源は，レーザー光源に比べると非常に弱いため，撮影では，長時間露光に耐える迷光対策，振動対策などが必要になります．

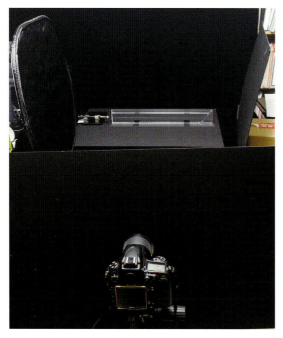

図 3.59 ショ糖水中の旋光を可視化する撮影風景．ハイミロン暗幕，黒色ポスターボードなどを使って，背景や周囲の遮光をし，穴を空けた黒色ポスターボードをカメラレンズにはめて，撮影機材や周辺背景が水槽表面に映り込むのを防いでいます．

3.3 砂糖水をカラフルにする　　41

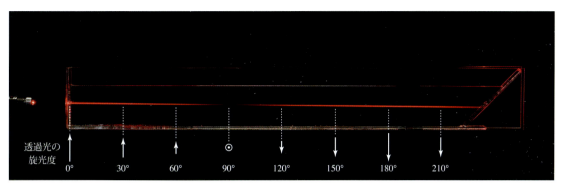

図 3.60　旋光可視化画像 1．赤色レーザー（波長 650 nm）では，旋光によって光路が消失する位置が 1 カ所できます．
［Nikon D800E，60 mm f/2.8G，露出：マニュアル，フォーカス：マニュアル，f/9，20 秒，ISO：100］

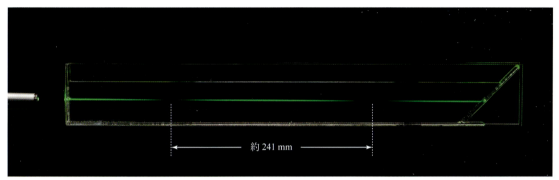

図 3.61　旋光可視化画像 2．緑色レーザー（波長：532 nm）では，旋光によって光路が消失する位置が 2 カ所できます．
［Nikon D800E，60 mm f/2.8G，露出：マニュアル，フォーカス：マニュアル，f/9，30 秒，ISO：100］

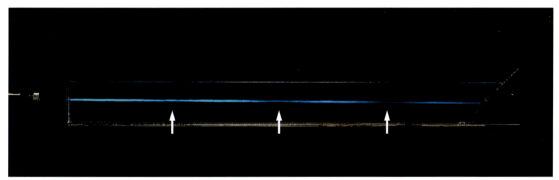

図 3.62　旋光可視化画像 3．青色レーザー（波長 405 nm）では，旋光によって光路が消失する位置が 3 カ所できます．
［Nikon D800E，60 mm f/2.8G，露出：マニュアル，フォーカス：マニュアル，f/13，8 秒，ISO：100］

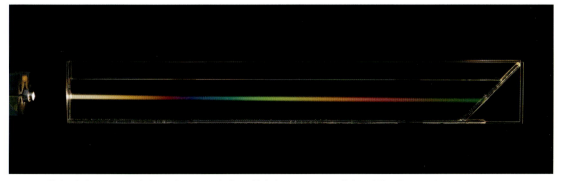

図 3.63　旋光可視化画像 4．白色光を入射すると，各波長で旋光度が異なるため，虹色の光線を作ることができます．
［Nikon D800E，60 mm f/2.8G，露出：マニュアル，フォーカス：マニュアル，f/7.1，360 秒，ISO：1000］

Chapter 4

光の不思議を楽しもう

図 4.1 虹．虹は，その不思議さ，美しさゆえに，古くから多くの科学者によって研究されてきました．[Nikon D800E, 24–70 mm f/2.8G (f=70 mm), 露出：プログラムオート，フォーカス：マニュアル，f/11, 1/500 秒, ISO：1000]

自然界には，多くの不思議な光学現象があり，私たちを驚かせたり，楽しませたりしてくれます．一見不可解な光学現象でも，突き詰めると，比較的単純な光学原理が組み合わさって起こっている場合が少なくありません．このチャプターでは，透過，屈折，反射などの基本的な光の振る舞いで説明できる不思議な光学現象の例として，虹，逃げ水，蜃気楼などを取りあげて，実験的に現象を再現し，その発現メカニズムについて考察していきます．

4.1 虹の出射を再現する

虹は，水滴内で起こる光の反射と屈折によって生まれる光学現象で，多くは雨上がりに現れます（図 4.1）．水滴の中で 1 回反射した光が作る虹を主虹，2 回反射した光が作る虹を副虹と呼びます．副虹は，主虹の外側に現れます．副虹は，水滴内での反射が 1 回多い分，主虹と比べると強度が弱く，虹色の並び順が主虹とは逆になります．ここでは，主虹を作る水滴内での反射と屈折を実験的に再現してみます．

図 4.2 は，水滴の中で 1 回反射した光が主虹として出射するようすを示しています．入射位置が水滴の中心から外側に移るにつれて，次第に出射角が大きくなり，ある入射位置で最大出射角度（赤い光で約 42°，青い光で約 40°）になります．出射光の強度は，最大出射角付近で最も強くなるため，太陽を背にして太陽の光線方向から約 42° の円上に赤，約 40° の円上に青の光が並び，虹を作ります．

主虹の出射を再現してみましょう．使用する光源は，図 2.28 で紹介した LED ライン光源です．光源の作り方は，▶ 8.1 LED ライン光源を作る（p.98）を参照

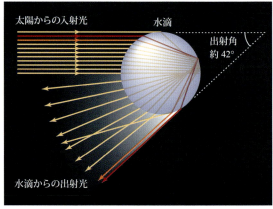

図 4.2 主虹を作る水滴内での屈折・反射．

してください．図 4.3 に示す外径 10 cm の円筒アクリル容器に水を入れて，水滴に見立てました．入射光がアクリル容器を透過してしまうと出射光の光量が不足するため，フィルム状のアルミ蒸着ミラーを容器の内側に貼って反射強度を高めています．また，側面から容器底板に光が入ると，本来はないはずの光路が光ってコントラストを悪化させてしまうので，底板の側面と底面に黒画用紙を貼って遮光しました．図 4.3 のアクリル容器に水を入れ，オレンジ色と緑色の蛍光インクを適量溶かして，白色に近い蛍光が適当な強度で出るよう調整しました（p.17, 図 2.26 参照）．

図 4.4 は，主虹の出射を再現した画像です．図 4.2 に示した水滴内の屈折・反射を忠実に再現できています．最大出射角で出射する光線が，最も平行性が良く，光量集中していることが確認できます．

同様の手法を使って，フィルム状アルミ蒸着ミラーの貼り方を工夫すれば，副虹の出射を再現することも可能です．

図 4.3 虹の実験に使用した円筒アクリル容器．フィルム状のアルミ蒸着ミラーを容器の内側に貼って，光が容器を透過してしまうのを防いでいます．また，容器底板の側面から光が入ると，虹を作る光線とは別の光路を通りコントラストを悪化させてしまうため，底板の側面と底面に黒画用紙を貼って光をカットしています．

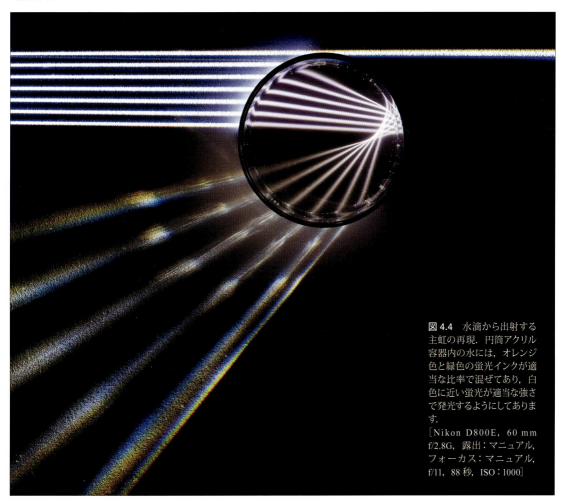

図 4.4 水滴から出射する主虹の再現．円筒アクリル容器内の水には，オレンジ色と緑色の蛍光インクが適当な比率で混ぜてあり，白色に近い蛍光が適当な強さで発光するようにしてあります．
［Nikon D800E, 60 mm f/2.8G, 露出：マニュアル, フォーカス：マニュアル, f/11, 88 秒, ISO：1000］

4.2 逃げ水を撮影しよう

4.2.1 フェルマーの原理

私たちにとって，光が真っ直ぐ進むのは当たり前のことです（図 4.5）．しかし，光が媒質中を透過する場合は事情が変わります．光の伝搬速度は，光が透過する媒質の屈折率によって決まります．屈折率がほぼ 1 の空気中では，光は光速 c で進みますが，屈折率が約 1.33 の水中では，光速の約 75% に遅くなります．また，媒質中を伝搬する光は，「最短距離の経路ではなく，最小時間で到達できる経路を進む」という光学の基本原理，フェルマーの原理に従います[1, 2]．その結果，透過する媒質に屈折率の分布があると，光は少しでも所要時間が短くなる，距離は長くても速く進める屈折率が低い経路を選んで伝搬して，曲がって進むことになります．蜃気楼や逃げ水などの光学現象は，フェルマーの原理で説明することができます．

図 4.6 のように，光源から広がる光が水面で屈折して水中のカメラまで進む場合を例にして，光が進む経路について考察しましょう．屈折率が 1 の空気（光は光速で進む）と屈折率が約 1.33 の水（光は光速の約 75% で進む）の界面を超えて光が進むとき，どの経路を通ると最小時間になるでしょうか．水中では光の速度が遅くなるので，最小時間で到達する経路は，最短距離である S_3 経路と水中の距離が最短になる S_5 経路の間のどこかにあるはずです．最小時間で到達する経路を S_4 としましょう．図 4.6 の水面での入水位置に対して，光源から出た光がカメラに到達するまでの所要時間をプロットすると，最小時間で到達する経路 S_4 を底にしたお椀状のグラフになります．最小時間の S_4 経路付近では所要時間が平坦なので，S_4 経路の近くを通る光も S_4 経路とほぼ同じ所要時間になり，S_4 経路の近くを通る光を足し合わせると，お互いに強め合って多くの光がカメラに到達します．一方，S_4 以外の経路，例えば S_2 経路では，S_2 経路の近くを通る光の所要時間には大きな違いがあって，光の位相はバラバラになり，S_2 経路の近くを通る光を足し合わせても，お互いに打ち消し合い，光はカメ

図 4.5 すばる望遠鏡から放たれたレーザービーム（© 国立天文台）．レーザー照射によって生成されたレーザーガイド星をモニターして，地球大気の揺らぎをリアルタイムに補正します．

●**フェルマーの原理**
フェルマーの原理とは，「光がある点を出て別の点に向かって進むとき，実際に光がたどる経路は最小の時間で到達できる経路である」というもので，最小時間原理とも呼ばれます．フランスの数学者ピエール・ド・フェルマーが 1661 年に発見しました．

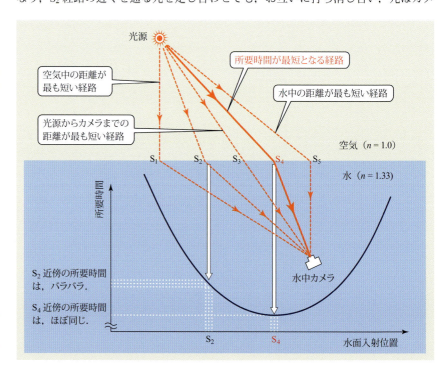

図 4.6 水面における光の屈折．最小時間で到達する S_4 経路付近では，所要時間がほぼ同じで強め合いますが，それ以外の経路では，光は打ち消し合います．

ラに到達しません．同様に，S_4 以外のどの経路で光を足し合わせても全て打ち消し合って，結果的にカメラに届くのは S_4 経路付近の光だけです．

4.2.2 急がば回れ

逃げ水（下位蜃気楼）は，図 4.7(a) のように，熱い地面に暖められた地表近くの空気だけが暖かい場合に発生します．熱せられて膨張し，屈折率が低くなった暖かい空気中では，冷たい空気中より光は速く進みます．光は，フェルマーの原理に従い，距離は長くても速く進める地表近くの暖かい空気中を通って，所要時間が最小となる下に凸に曲がった経路で目に到達するのです．人間の脳は，光が真っ直ぐやってきたものと認識するので，光が道路に反射したかのように見てしまいます．

図 4.7(b) の蜃気楼（上位蜃気楼）は，逃げ水とは逆に，上層の空気は温度が高く，海面付近の下層の空気は温度が低いといった状態で発生します．この場合，光は距離が長くても速く進める低屈折率の上層を通ります．その結果，光は上に凸に曲がって目に届くので，船や対岸の町が上に引き延ばされたように見えます．日本では，富山県魚津の蜃気楼が有名ですが，琵琶湖や猪苗代湖，北海道沿岸でも蜃気楼の発生が確認されています．図 4.8 は，2009 年に新たに見つかった大阪湾の蜃気楼です．

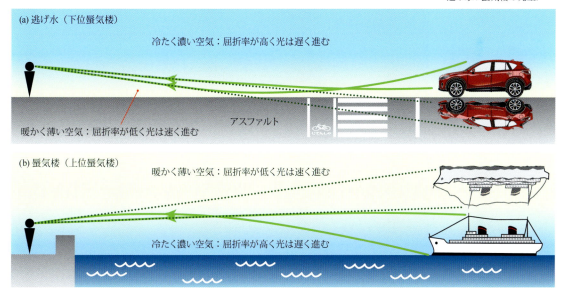

図 4.7 大気の温度分布と逃げ水 / 蜃気楼の発生．

図 4.8 2009 年に新たに見つかった大阪湾の蜃気楼．撮影：長谷川能三氏（大阪市立科学館）．

4.2.3 逃げ水撮影の実際

逃げ水の撮影にはどの程度の望遠レンズが必要なのかを確認しましょう．撮影は，焦点距離 50–500 mm のズームレンズとテレコンバーター x2 を組み合わせて，標準 50 mm から望遠 1000 mm まで 5 種類の焦点距離で行いました．雲台の剛性がカメラと望遠レンズの重量に負けていたため，ISO 感度を上げてシャッター速度を速くし，マニュアルフォーカスでピントを無限遠に固定して，絞り込んで被写界深度を深くしました．また，三脚に固定した撮影なので，手ブレ補正をオフにしています．図 4.9 〜図 4.13 は，それぞれ，焦点距離 50 mm，95 mm，210 mm，500 mm，1000 mm で撮影した逃げ水です．カメラの画素数によりますが，焦点距離 200 mm 程度の中望遠レンズで，画質は悪いながらも，何とか逃げ水の撮影ができそうです．

逃げ水は，温度差により発生するので，太陽の照り方，地形，気温などの気象条件で発生状況が変化し，撮影する高さによって見え方が変わります．一般には，焦点距離 500 mm 以上の望遠レンズが望ましいところですが，発生条件に恵まれれば，300 mm 程度の中望遠でもきれいな逃げ水を撮影できる可能性があります．

●高倍率ズーム搭載コンパクトデジタルカメラ

最近，望遠側が 500 mm を超える高倍率ズームのコンパクトデジタルカメラが数多く出回っています．手ブレ補正や高感度撮影の性能がよくなっているので，逃げ水や月面の写真などが気軽に手持ち撮影できるようになりました．

図 4.9　レンズ焦点距離 50 mm で撮影した逃げ水．カメラ＋望遠レンズの重量に対して雲台が負けていたため，ISO 感度を上げてシャッター速度を速くしました．また，焦点距離 50–1000 mm を被写界深度を深めにした同一条件で撮影したかったので，余分に絞り込んでいます．
［Nikon D800E，VR 50–500 mm f/4.5–6.3G（f=50 mm），露出：マニュアル，フォーカス：マニュアル，f/13，1/640 秒，ISO：400］

図 4.10　(a) レンズ焦点距離 95 mm で撮影した逃げ水．(b) 中央部を拡大すると，逃げ水が確認することができますが，解像度が低く画質はよくありません．
［Nikon D800E，VR 50–500 mm f/4.5–6.3G（f=95 mm），露出：マニュアル，フォーカス：マニュアル，f/13，1/640 秒，ISO：400］

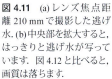

図 4.11 (a) レンズ焦点距離 210 mm で撮影した逃げ水.(b) 中央部を拡大すると,はっきりと逃げ水が写っています.図 4.12 と比べると,画質は落ちます.
［Nikon D800E,VR 50–500 mm f/4.5–6.3G (f=210 mm),露出：マニュアル,フォーカス：マニュアル,f/13,1/640 秒,ISO：400］

図 4.12 レンズ焦点距離 500 mm で撮影した逃げ水.逃げ水の撮影には,焦点距離 500mm 以上の望遠を使いたいところです.
［Nikon D800E,VR 50–500 mm f/4.5–6.3G (f=500 mm),露出：マニュアル,フォーカス：マニュアル,f/13,1/640 秒,ISO：400］

図 4.13 レンズ焦点距離 1000 mm で撮影した逃げ水.
［Nikon D800E,VR 50–500 mm f/4.5–6.3G ＋テレコンバーター x2 (f=1000 mm),露出：マニュアル,フォーカス：マニュアル,f/13,1/640 秒,ISO：400］

4.3 曲がる光

基本的には直進する光でも，蜃気楼や逃げ水のように，屈折率が異なる 2 層の間で適当な屈折率分布を作り出せれば，光は容易に曲げることができます．蜃気楼や逃げ水の場合，空気の温度差によって生じる屈折率の違いが非常に小さいため，光線の曲がりはごくわずかですが，人為的に大きな屈折率勾配を付けた透過媒質に光線を通せば，驚くほど大きく光線を曲げることができます．

図 4.14 は，高濃度のショ糖水と真水の屈折率の違いを利用して，レーザービームを曲げた実験画像です．ショ糖水側から入射されたレーザー光は，ショ糖水と真水の境界付近で大きく曲がってます．レーザービームを上に凸に曲げるためには，屈折率が下方で高く，上方で低くなる屈折率分布を作ります．2 つの液体を使ってこの構造を作る場合，水と油のように混ざり合わない組み合わせでは，生じた境界面で直線的に反射してしまい，図 4.14 のようにゆるやかな曲線を描いてくれません．そのため，屈折率の高い液体と屈折率の低い液体は，混ざり合う組み合わせを選択する必要があります．実験では，高い屈折率の液体には飽和に近い高濃度のショ糖水，低い屈折率の液体には真水（水道水）を使用し，下方がショ糖水，上方が真水になるように水槽に注ぎ込んで，水槽深さ方向に図 4.15 のような屈折率分布を作りました．ショ糖水の可視領域における屈折率は，濃度，温度，光の波長で変わりますが，飽和の 9 割程度の高濃度ショ糖水であれば，1.5 前後の値になります．一方，真水の屈折率は，可視域で約 1.33 です．以下，実験と撮影の手順を説明します．

図 4.14 レーザービームを曲げる実験．撮影：石川謙氏（東京工業大学）．[OLYMPUS E-3, 12-60 mm f2.8-4 (21mm), 露出：マニュアル，フォーカス：マニュアル，f/7.1, 1/8 秒, ISO：400]

4.3.1 まずは水槽作り

実験には，高い濃度のショ糖水を使用しますが，表 3.1 に示したように，ショ糖は水への溶解度が高いため，水槽を大きくしてしまうと，大量のショ糖が必要になってしまいます．ショ糖の使用量をできるだけ少なく抑えるために，透明アクリル板を使っ

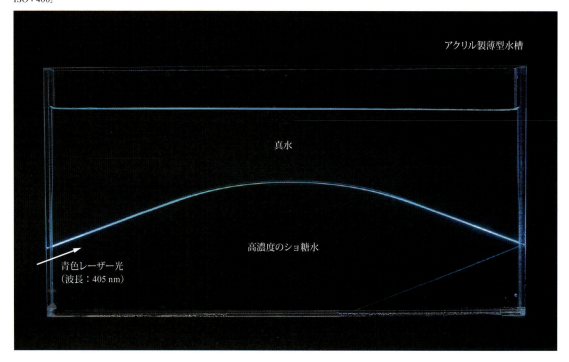

て，図 4.16 のような薄型の水槽を作製しました．水槽のサイズは，横幅が 300 mm，奥行きの内寸が 10 mm です．作製法は，▶ 3.3.5 偏光面の回転を画像化する（p.38）で紹介したアクリル水槽とほぼ同じです．本実験の水槽は，面積が大きく，深さがあるので，液体の重さで中央部が膨らんでしまわないよう，図 4.16 のように，中央の上部に梁を入れてあります．

4.3.2 レーザービームの可視化

レーザービームの可視化には，図 4.17 の蛍光ラインマーカーの補充インクを使用しました．蛍光インクは，牛乳などを利用した光の散乱と違い，バックグラウンドは暗いまま，水槽の中を進む光線だけを光らせることができます．蛍光インクは，使用する光源の波長で蛍光を出すものを使います．実験では，青色レーザー（波長 405 nm）を光源にし，青緑色に発光する緑色の蛍光インクを使いました．水中の光線が放つ蛍光が適度な強度になるよう，水道水に溶かす蛍光インクの濃度を調整して下さい．

水道水は，そのまま使うと，図 4.18 のように，水槽の内壁に気泡が発生してしまいます．気泡を避けるためには，水道水を一度煮沸するか，汲み置きした水道水の上澄みを用いるのがよいでしょう．

4.3.3 ショ糖水を用意する

ショ糖水は，蛍光インクを適量混ぜたお湯にグラニュー糖を溶かして作りました．ショ糖水の作り方は，▶ 3.3.2 ショ糖水を作る（p.34）を参照してください．この実験でも，室温の変動，水の蒸発でショ糖が析出してしまわないよう，ショ糖水の濃度を室温における飽和の 9 割程度にしてください．

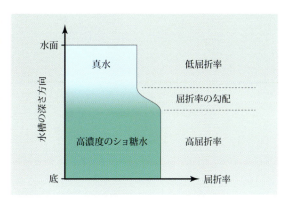

図 4.15 水槽深さ方向の屈折率分布．

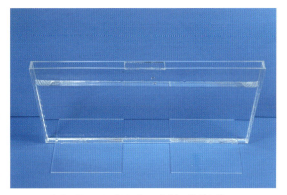

図 4.16 実験に使用した透明アクリル板製の薄型水槽．

図 4.17 光線の可視化に使用した蛍光ラインマーカーの補充液．

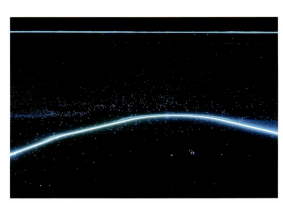

図 4.18 水道水をそのまま使った場合の気泡の発生．

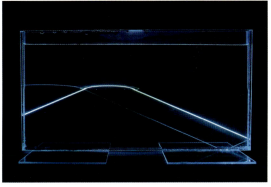

図 4.19 界面が明確な場合のビームの反射例．

4.3.4 曲がる光の実験

作製した高濃度のショ糖水を，ゴムチューブを付けた注射器を使って，水槽の内壁に触れないように注意しながら，水槽の底の方から水槽の半分程度まで注ぎ込みます．続いて，上層の水道水もゴムチューブ付きの注射器で液面近くから静かに入れていきます．

水槽の準備ができたら，下層のショ糖水側から斜め上方向にレーザー光を入射します．光線の見え方を確認しながら，入射する角度を調整します．入射角度を立たせすぎると，光はショ糖水／水道水の境界を通り抜けてしまい，寝かせすぎると光線の曲がり方が地味になってしまいます．

下層のショ糖水は水道水より比重が大きいので，上層に静かに流し込まれた水道水とは，容易には混ざり合いません．最初は，ショ糖水／水道水の境界が明瞭で，図4.19のように，2層の境界面で光線が折れ曲がることがあります．そのような場合，ショ糖水／水道水の境界面付近でなだらかな屈折率の勾配をもたせるために，図4.20のように，先を渦巻き状に丸めた針金を水槽の上から入れて，2層の界面を優しく混ぜます．混ぜた直後は，上下方向の濃度変化が不均一なため，図4.21のように光が割れてしまったりしますが，そのまま放置しておくとだんだんと安定してきて，最終的には，図4.14のように，光線の曲がり方が落ち着いていきます．

撮影にあたって，重要なのが水槽表面の映り込み対策です．何の対策もせずに水槽を撮影した場合，図4.22のように，撮影機材や周辺背景が水槽表面に映り込んでしまいます．図4.23は，実際の撮影風景です．背景の映り込みを避けるために，黒色ポスターボード，暗幕などを使い，テスト撮影をしながら映り込み要素を一つ一つ排除していきます．図4.23では黒色ポスターボードにカメラレンズの外径に合わせた穴を開け，レンズにはめて，撮影機材や背景の映り込みを避けています．この方法は，類似した被写体の撮影に応用できます．

また，環境光を暗くして，レーザービームの光を際立たせることも重要です．ISO感度は実用域のまま，レーザービームが鮮やかに写る程度に露光時間を長く設定し，水槽がかろうじて写る程度に室内灯を暗くして撮影すると，コントラストの高い写真が得られます．露光時間が長い撮影では，長時間露光に対するノイズ低減処理をオンにしておきましょう．

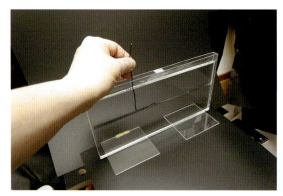

図 4.20 水／ショ糖水の境界面を混ぜているようす．

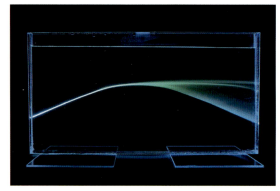

図 4.21 不安定な界面状態によって生じたビームの割れ．

図 4.22 水槽表面への周辺背景の映り込み．

図 4.23 水槽表面の映り込み対策．黒色ポスターボード，暗幕などを使って映り込み要素を一つ一つ排除していきます．

4.4 水で光ファイバーを作る

4.4.1 全反射 [1, 2]

図 4.24 は，ガラス製半円筒プリズムに入射角 45°程度で入射された光が，プリズムの下面から出射することなく全て反射するようすです．このように，屈折率が異なる 2 つの物質が接する界面で入射光が全て反射される現象を全反射と呼びます．全反射は，高屈折率媒質から低屈折率媒質に向かって光が進むときに起こります．

図 4.25 は，入射側の媒質をガラス（屈折率：1.5），透過側の媒質を空気（屈折率：1.0）として，入射光が界面を透過するようすを，3 つの入射角で描いたものです．見やすさのために，反射光は省略してあります．ガラス／空気界面における屈折角は，屈折の法則の式に，ガラス／空気の屈折率比 1.5 と入射角を代入することで求まります．(a) 入射角 30°の場合の屈折角は 48.6°です．入射角を大きくしていくと，屈折角も次第に大きくなって，(b) 入射角 35°では，屈折角が 59.4°になり，(c) 入射角 41.8°では，屈折角が 90°に達して，屈折光は空気中に出られなくなります．屈折角が 90°になる入射角を臨界角と呼びます．臨界角以上の入射角では，光は屈折率が異なる 2 つの物質の界面で全反射します．

▶ 4.3 曲がる光（p.48）で確認した通り，屈折率が異なる 2 つの物質の境界に屈折率の勾配があったとしても，平坦な界面の場合と同様に全反射が起こります．全反射が起こる入射角，すなわち臨界角は，2 つの物質の屈折率だけで決まります．

●**臨界角**
高屈折率媒質から低屈折率媒質に向かって光が進むとき，界面を超えた途端に光の伝搬速度が速くなるため，屈折角は入射角より大きくなります．入射角を大きくしていくと屈折角はさらに大きくなり，ある入射角で屈折角が 90°に達します．屈折角が 90°になる入射角を臨界角といいます．臨界角以上の入射角では，光は高屈折率媒質から出ることができず全反射します．

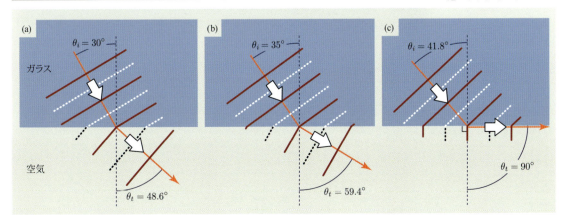

図 4.24 ガラス製半円筒プリズムの全反射．プリズム内部のガラス／空気界面に，臨界角以上の入射角で光が入射した場合，全反射が起こります．逆に，プリズム外部の空気／ガラス界面に光を入射した場合には，図 2.17 のように，反射光と屈折光に分かれます．
[Nikon D800E，105 mm f/2.8G，露出：マニュアル，フォーカス：マニュアル，f/8，13 秒，ISO：100]

図 4.25 臨界角．屈折角が 90°に達する臨界角以上の入射角で，光は界面を透過できなくなります．

4.4.2 光を水の中に閉じ込める

水と空気の屈折率比によって生じる全反射を使って,吐出する水の中に光を閉じ込める実験をやってみましょう.

図 4.26 は,ペットボトルから吐出する水の中に光が閉じ込められたまま進むようすを撮影した写真です.光線の可視化には,蛍光発光を利用しました.緑色の蛍光インクを適量溶かした水を使い,青色レーザー(波長 405 nm)を照射しています.左から入射したレーザー光が,ペットボトル内を横切って吐出口の中心に入るように,照射位置を調整しています.入射されたレーザー光が,吐出する水によって描かれた放物線の中に閉じ込められたまま進んでいることが確認できます.

吐出する水が絶えず動くため,撮影では薄暗い中での速いシャッター速度が要求されます.ISO 感度を 6400 まで上げ,絞りを f/3.5 まで開けて,1/125 秒のシャッター速度で撮影しています.

実験には,清涼飲料水のペットボトル(1.5 リットルボトル)を加工して使用しました.ペットボトルに水を注ぎ込む都合上,ボトルの上部は,図 4.26 のように切り落としました.図 4.27 のように,ペットボトル側面のレーザー入射側と吐出側の 2 カ所にφ6 mm 程度の穴を開け,レーザー入射側にはカバーガラスを接着して窓を作り,吐出側にはプラスチックワッシャーを接着して吐出口を成形しました.

図 4.28 は,予備実験のようすです.図 4.26 とは,ペットボトルの種類,蛍光インクの色,セッティングなどに違いがあります.図 4.28 のように,右下に見えるプラスチック製容器に水を溜め,そこから電動石油ポンプで水を汲み上げて,ペットボトルに注ぎ込みます.吐出した水は,プラスチック製容器で受けます.予備実験当初は,側面に凹凸があるペットボトルを使用していましたが,照明光を強く反射して白く写ってしまうため,凹凸のない図 4.26 のペットボトルに変更しました.

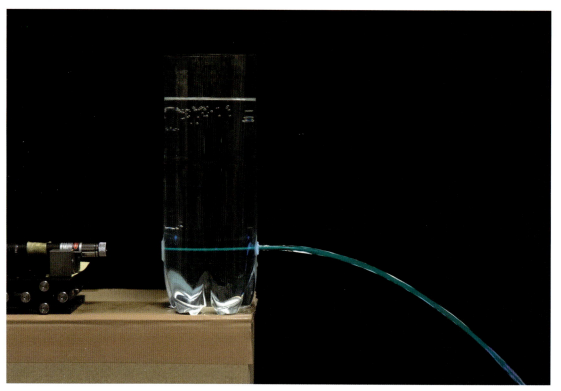

図 4.26 水の中を全反射しながら進む光.吐出する水が動くので,薄暗い中で速いシャッターを切る必要があり,ISO 感度をかなり上げて撮影しています.[Nikon D800E, 24–70 mm f/2.8G (f=58 mm),露出:マニュアル,フォーカス:マニュアル,f/3.5, 1/125 秒,ISO:6400]

4.4.3 光ファイバー

　光ファイバーは，図 4.29 のように，高屈折率のコアと低屈折率のクラッドが芯鞘構造（鉛筆の芯と鞘のような2層構造）になっていて，図 4.26 の水中への光の閉じ込めと同様，屈折率の違いを利用して光をコアに閉じ込めて，遠くまで伝送します．光ファイバーには，いくつかのタイプがあります（図 4.29）．マルチモードファイバーはコア径が太く，取り扱いが容易ですが，光信号の減衰が大きく，短距離伝送用途に限られます．シングルモードファイバーは，コア径が細く慎重な取り扱いが必要ですが，光信号の減衰が少ないため，主に長距離通信で使用されています．

　図 4.30 は，分光計測用マルチモードファイバーの端面を顕微鏡で拡大した写真です．図 4.30 では，反対側のファイバー端面から白色 LED 光を入射しながら撮影していますが，光は中心のコアに閉じ込められたまま伝送していることがわかります．

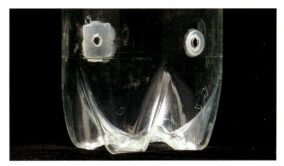

図 4.27 ペットボトルの穴加工．入射側にはカバーガラスを接着して入射窓にし，出射側にはプラスチックワッシャーを貼り付けて吐出口にしてあります．

図 4.28 実験風景．電動石油ポンプを使って水をくみ上げています．これは，初期の実験風景の写真で，使っている色素やペットボトルの種類，配置などが図 4.22 とは異なっています．なかでも，ペットボトルは，横方向の溝が多数入った四角いものを使用していましたが，溝が光ってしまって照明が難しかったため，円筒型のものに変更しました．

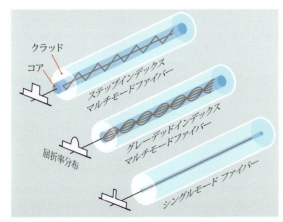

図 4.29 光ファイバーの種類とその構造．減衰が少ないシングルモードファイバーは主に長距離通信用に，取り扱いが容易なマルチモードファイバーは，短距離通信，分光計測，照明，装飾などに使用されます．

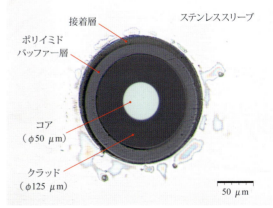

図 4.30 分光計測用マルチモードファイバー端面の顕微鏡写真．[Panasonic DMC-GH1，顕微鏡：Nikon Eclipse LV100，対物レンズ：LU Plan ELWD 20x，露出：マニュアル，フォーカス：マニュアル，1/15 秒，ISO：200]

Chapter 5 スペクトルを楽しもう

光の波長や周波数を横軸にして，光強度の分布を表したグラフや写真をスペクトルと呼びます．色々な波長の光が混じり合った光をスペクトルに分けることを分光といい，スペクトルに分ける装置を分光器（スペクトロメーター）と呼びます．ここでは，スペクトルの面白さを探っていきましょう．

5.1 光を分ける

分光器は，基本的に，次のような光学原理を使って分光しています．

5.1.1 屈折率分散を利用する

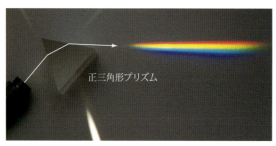

図 5.1 プリズムによる分光．プリズムは，白色光を虹色のスペクトルに分解することができます．

波長に依存した屈折率の変化を，屈折率分散といいます．ガラスなどの透明材料は，短波長にいくほど屈折率が高くなる正常分散を示します．プリズムに入射した光は，ガラスの屈折率分散によって，出射角度が波長ごとに異なるため，図 5.1 のように，虹色に分光されます．プリズムを用いた分光の歴史は古く，アイザック・ニュートンがプリズム分光器を使って太陽光のスペクトル観察実験を行ったことは有名です．

5.1.2 回折を利用する

図 5.2 回折格子を使ったスペクトルの分解．格子間隔 d が一定なら，波長によって回折角が決まります．

波である光には，障害物背後の影となる領域に回り込む性質があります．この波に特有な性質を回折といいます[1,2]．図 5.2(a) に示す回折格子は，紙面奥行き方向に伸

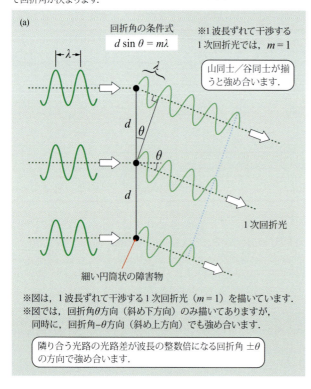

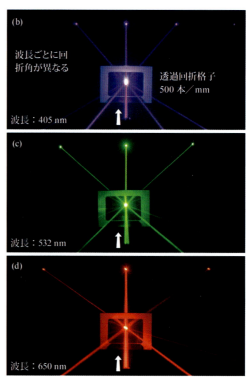

びる細い円柱状の障害物が波長に近い間隔 d で規則正しく並んでいます．回折格子では，それぞれの障害物を中心に回折光が円筒状に広がりますが，隣り合う障害物が発する回折光の位相が，ちょうど波長の整数倍になる方向で，波の山同士／谷同士が一致して強め合う干渉をします．この回折光が強め合う出射角度は回折角と呼ばれ，その角度は図 5.2(a) に示した条件式の通り，光の波長 λ と格子間隔 d で決まります．図 5.2(b) 〜 (d) のように，格子間隔 d が一定ならば，回折角の大小は波長順に並びます．つまり，白色光を回折格子に入射すれば，スペクトルに分解できます．

5.1.3 干渉を利用する

干渉は，2 つ以上の波が空間のある場所で足し合わされると強め合う，または弱め合う現象です（図 5.3）．干渉を利用して光の波長や位相などを計測する装置を干渉計といい，分光への応用が可能です．本書では，干渉計を使った分光例は登場しませんので，ここでは，干渉計の説明は省略します．干渉計については文献 [2]，干渉の原理や干渉による発色については，▶6 色彩を楽しもう（p.74）をご参照ください．

図 5.3 水面の波の重ね合わせ．山同士／谷同士が足し合わさると強め合い，山と谷が足し合わさると打ち消し合います．

5.2 分光器

図 5.5 に，プリズム分光器と回折格子分光器の概要を示します．白色光をスペクトルに分解するプリズムや回折格子を分散素子と呼びます．分散素子の特性に合わせて多少のレイアウトの違いはありますが，分光器の基本構成は図 5.5 の通りです．

入射スリットを通った光は，コリメートレンズによってコリメート光になり，プリズムまたは回折格子に入射します．プリズムでは，ガラス材の屈折率分散によって光はスペクトルに分離し，回折格子では，波長ごとの回折角の違いによってスペクトルが生成されます．その後，光は結像レンズを通り，投影スクリーン（カメラのセンサーやフィルム）上に，スペクトルに分離した入射スリットの像を結びます．

プリズムは，回折格子に比べると，光の利用率が高く明るいという特長がある反面，分散が小さく，スペクトルが波長に対して等間隔にならないなどの難点もあり，一般には，回折格子分光器が主流になっています．最近では，光ファイバーで光を導入する CCD 検出器内蔵の小型分光器が市販されていて，パーソナルコンピューター（PC）に USB 接続すれば，スペクトルを表示させながら測定することができます（図 5.4）．

図 5.4 市販の CCD 検出器付き小型分光器の例．測定光は光ファイバーで分光器に導入され，CCD 検出器でスペクトル全体が一度に測定されます．PC に USB 接続して，ディスプレイでスペクトルをリアルタイム表示させながら，測定することができます．

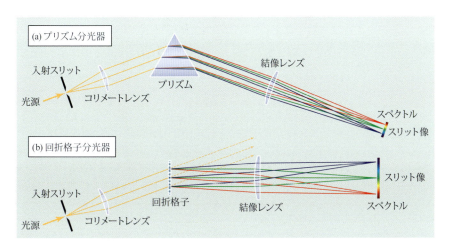

図 5.5 分光器の構成例．(a) プリズム分光器と (b) 回折格子分光器．図 5.5 以外に，反射型回折格子を使ったもの，集光にミラーを用いたものなど，多くのバリエーションがあります．
古くはプリズム分光器が使用されていましたが，回折格子が比較的安価に，希望通りの仕様で作製できるようになってからは，一般的に，回折格子分光器が主流になっています．

5.3 CD–R 分光器でスペクトル像を撮影する

分光器を自作して，色々な光源のスペクトル像を撮影してみました．自作分光器は，回折格子に CD–R 片を用いたので，本書では CD–R 分光器と呼ぶことにします．CD–R 分光器は，簡単に手に入る材料だけで作製でき，デジタルカメラに接続してスペクトル像の撮影が行えます．紙筒で作られた黒い分光器鏡筒をカメラレンズの先端に取り付ける構造です．分光器鏡筒の先端には，カッターの刃で作られた入射スリットがあります．CD–R 分光器の外観は，図 5.6 の通りです．ご覧のように，あまり洗練された外観ではありませんが，実は結構高性能です．この分光器の作り方は，▶ 8.2 CD–R 分光器を作る（p.103）で説明します．

5.3.1 スペクトル像の撮影

図 5.7 は，CD–R 分光器で撮影した電球型蛍光灯（電球色）の発光スペクトル像です．スペクトル像のきれいな画像中心部を帯状にトリミングしています．

撮影では，図 5.6 のように，入射スリットの前に蛍光灯を置いて，まず，ISO 感度を上げ，絞りを開放にして像を明るくした状態で，ライブビューを使って，レンズの焦点調整とスペクトル像全体が画角に入るようにズーム調整を行います．ズームし

図 5.6 CD–R 分光器を使ったスペクトル像撮影のようす．カメラ背面のモニターに映し出されているスペクトル像は，撮影後の画像で，リアルタイムモニターの画像ではありません．

図 5.7 CD–R 分光器で撮影した蛍光灯（電球色）の発光スペクトル像．
[Nikon D7000，55–200 mm f/4–5.6G（f=85 mm），露出：マニュアル，フォーカス：マニュアル，f/25, 15 秒，ISO：1000]

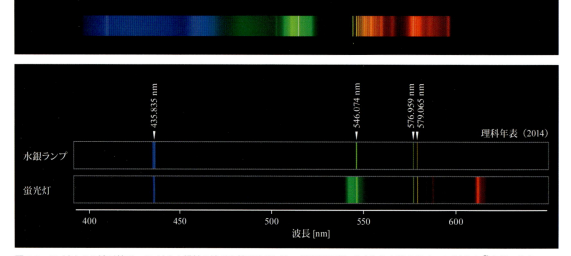

図 5.8 スペクトルの波長校正．スペクトル横軸の波長を校正するには，蛍光灯の光に含まれる水銀のラインスペクトル[9]を用います．

て像の大きさを変えた場合，そのつど焦点調整してください．調整が済んだら，ISO感度を実用域まで下げて，カメラレンズの絞りを決めます．撮影では，回折格子にCD–R片を使っている関係で有効口径は小さくします．しかし，あまり絞りすぎると，回折の影響で解像度が落ちますので，適当な絞り値を探します．絞り値を決めたら，シャッター速度を変えながら，最適な光量が得られるシャッター速度を探します．

5.3.2　波長校正とスペクトル像のデジタル化

　分光器で得られたスペクトルの横軸を波長校正するには，輝線の発光波長が決まっている水銀ランプなどの標準光源を用いるのが一般的ですが，図 5.8 のように，蛍光灯に含まれる水銀の輝線を利用すれば，同様の波長校正を行うことができます．目的の光源と一緒に，蛍光灯のスペクトル像も同一条件で撮影しておくとよいでしょう．回折格子分光器のスペクトルは波長等間隔なので，波長校正は簡単です．

　CD–R 分光器で撮影したスペクトル像は，パブリックドメインの画像処理ソフトウェア ImageJ[10, 11)] でデジタル化できます（図 5.9）．デジタル化には，RAW 画像を使用します．筆者が行った処理手順は次の通りですが，メーカーや機種で RAW 形式が異なるため，処理の手順や方法が変わる場合もあります．まず，フリーウェアのファイル変換ソフトウェア raw2fits[12)] を使って RAW ファイルを RGB 個別の FITS ファイルに変換します．次に，それを ImageJ を使ってデジタル化し，得られた R，G，B のテキストデータを合算してスペクトルを生成します．

　今回 RAW 画像から生成したスペクトルは，図 5.10 のように，市販の CCD 分光器で測定した感度補正済みスペクトルとよく合っています．RAW 画像から生成したスペクトルがどの程度正しいかは，カメラセンサーの性能，RGB フィルターの特性，RAW ファイルの処理方法などによって変わると考えられます．

　ImageJ 処理に TIFF や JPEG など RAW 現像後の一般的な画像を用いた場合，RAW 現像でピクセル演算処理が行われているため，図 5.10 のように，スペクトル強度が不正確になってしまいます．

● **RAW 形式**
デジタルカメラのセンサーから出力された生の画像データで，メーカーや機種によって形式が異なります．デジタルカメラでは，RAW 画像をデータ処理（RAW 現像）して，一般的な TIFF や JPEG などに変換しています．

● **FITS 形式**
画像データの保存・転送・処理のための科学利用を目的としたオープン標準のファイル形式です．天文分野でよく使用されます．

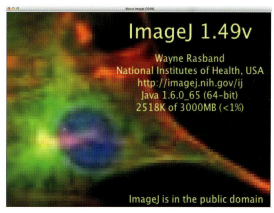

図 5.9　ImageJ．スペクトル像からスペクトルデータに変換することができるパブリックドメインの画像処理ソフトウェアです．

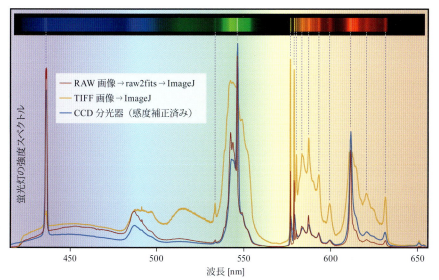

図 5.10　スペクトル像からデジタル化したスペクトルと CCD 分光器で測定したスペクトルの比較．RAW 画像を FITS 形式に変換し，ImageJ でデジタル化した場合，CCD 分光器の測定結果に近いスペクトルが得られます．しかし，RAW 現像後の TIFF や JPEG から ImageJ でデジタル化処理をした場合，分光器で測定したスペクトルと異なった強度分布になります．

5.3.3 フラウンホーファー線の撮影

太陽光の連続スペクトルを観察すると，フラウンホーファー線と呼ばれるたくさんの暗線があることに気が付きます．フラウンホーファー線は，太陽の大気中に存在する元素や地球大気中の酸素などが太陽光を吸収することによって生じる暗線です．太陽光のフラウンホーファー線は，分光器を自作したら，一度はチャレンジしてみたくなるスペクトル測定対象の1つです．

図 5.11 に，CD–R 分光器で撮影した太陽光のスペクトル像を示します．暗線を際立たせるために，画像処理ソフトで露光量を下げてあります．図中に，可視領域における主なフラウンホーファー線の吸収波長とその吸収元素も併記しました[9]．リストにあっても写っていない暗線や，リストにはないが写っている暗線が，結構数多く存在しています．

実際の撮影での注意点を確認しましょう．まず，直接入射スリットを太陽の方向に向けようとしても，光軸を合わせることは困難で，光軸を外れた光は分光器内の邪魔な光（迷光）になって内部で乱反射し，図 5.12 のような画像悪化の原因になります．対策として，入射スリットの直前に蛍光を発しない薄い紙（例えば，レンズペーパー）を貼って，太陽光が当たった紙が 2 次光源となって，入射スリットに光が均一に照射されるようにしました．また，地球の自転によって太陽が動きますから，CD–R 分光器は日陰に固定して全体に黒布を被せ，図 5.13 のように，露光時間の間は常に，ミラーを使って，太陽光を入射スリット直前の紙に照射しました．つまり，30 秒程度の露光時間中は，辛抱強くシーロスタットの真似をすることになります．

図 5.11 のスペクトル像は，まずまずの波長分解能で分離しています．例えば，よく知られているナトリウムの D_1 線（589.594 nm）と D_2 線（588.997 nm）を見ると，図 5.11 右の拡大挿入写真のように，きれいに分離していることがわかります．この波長領域を，ImageJ を使って，スペクトル像の RAW 画像からデジタル化したのが図 5.14 です．分光器の波長分解能を表す指標として半値全幅（FWHM）があります（図5.15 参照）．図 5.14 の D_2 線で半値全幅を求めてみると，自作した CD–R 分光器では，約 0.25 nm の分解能が得られていることがわかります．

● フラウンホーファー線

1814 年，ドイツの物理学者ヨゼフ・フォン・フラウンホーファーは，太陽光スペクトルの中に多数の暗線があることを報告しました．それらの暗線は，発見者の名にちなみ，フラウンホーファー線と呼ばれています．

また，フラウンホーファーは，光学分野においてフラウンホーファー回折にその名を残しています．波である光には，障害物背後の影となる領域に回り込む波特有の性質があり，回折と呼ばれています．フラウンホーファー回折は，回折現象を無限遠で観測したときの近似解で，別名遠方場回折とも呼ばれます．レンズなどの光学分解能はフラウンホーファー回折によって決まることから，光学分野では非常に重要です[1,2]．

図 5.11　太陽のフラウンホーファー線[9]．暗線を際立たせるために，画像処理ソフトで露光量を下げています．
[Nikon D800E，55–200 mm f/4–5.6G（f=100 mm），露出：マニュアル，フォーカス：マニュアル，f/11，30 秒，ISO：100]

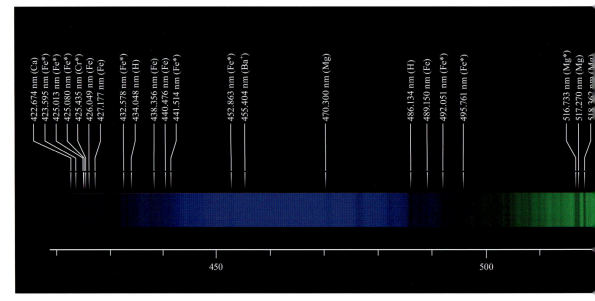

5.3 CD–R 分光器でスペクトル像を撮影する

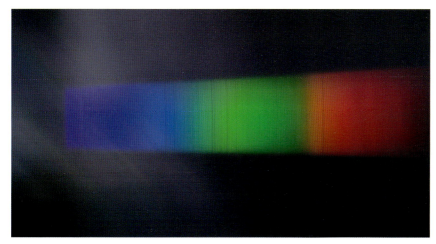

図 5.12 迷光による画像の悪化例．炎天下に CD–R 分光器を出して，直接太陽に向けると，邪魔な光（迷光）が分光器内で乱反射して画像が悪化することがあります．

図 5.13 CD–R 分光器の日陰への設置．CD–R 分光器は日陰に置き，手に持ったミラーを使って，シーロスタットのように入射スリットの直前の紙に太陽光を照射し，太陽光が均一に入射スリットに入るようにしています．実際の撮影では，CD–R 分光器が取り付けられたカメラ全体を黒布で覆います．

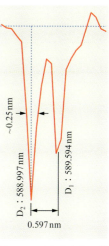

図 5.14 ナトリウム D 線（D_1, D_2）のスペクトル分離．図 5.10 をデジタル化してみると，D_2 線の半値全幅で約 0.25 nm の波長分解能であることがわかります．

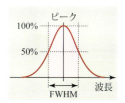

図 5.15 スペクトルの半値全幅（FWHM: full width at half maximum）．ピークの広がり具合を表す指標で，ピーク最大高さの半分の値を取る波長の幅です．単に半値幅という場合，半値全幅を指します．

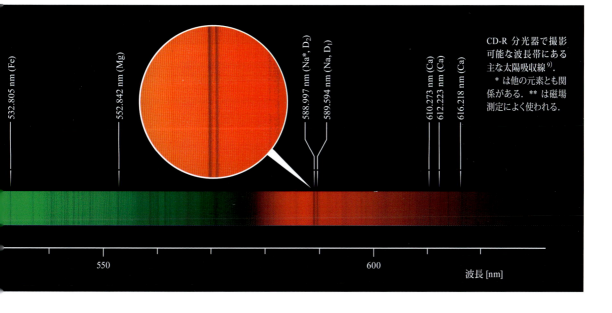

CD–R 分光器で撮影可能な波長帯にある主な太陽吸収線[9]．
＊は他の元素とも関係がある．＊＊は磁場測定によく使われる．

5.3.4 露出で変わるスペクトル像の色

あえて露光量を下げた図 5.11 のスペクトル像の色が不自然だったことにお気付きでしたでしょうか（水色や黄色が発色していません）．実は，デジタルカメラを使ったスペクトル像の撮影では，露光量を変えると，明るさだけではなく色調も変化してしまいます．図 5.16 のように，露光時間が不足すると，中間色の黄色や水色の色再現が悪くなる傾向があります．これは，各ピクセルの色や強度を，RGB の 3 色フィルターを通して得られた情報から計算で求めていることが原因と考えられます．逆に，露光時間 3 秒では水色が飽和しています．スペクトル像の撮影では，分光器が暗いために露光不足になりがちですので，よい発色が得られる露光時間を模索することも，きれいなスペクトル像を撮影する上で重要です．

5.3.5 さまざまな光源のスペクトル

一見，同じ色に見える光源でも，発光スペクトルが異なり，光源に照らされた物体の色は必ずしも同じになりません．図 5.17 のスペクトル像，図 5.18 の発光スペクトルとカラーチェック用のマクベスチャートの色調を見比べてください．

(a) 太陽光は自然光ともいい，太陽の下で見た色が基準の色になります．ある光源で物体を照らしたとき，色の見え方がどれだけ自然光に近いかの度合いを演色性といいます．自然光に近いほど演色性が高く，優れた照明と見なされます．人類の照明の歴史は，太陽光の「白い光」を追い求める歴史であるといえます [13]．

(b) 蛍光灯は，低圧水銀蒸気中の放電で発生する紫外光が蛍光体に当たり，蛍光体が発する RGB の蛍光強度バランスで白色が作られます．太陽光や白熱電球に比べて赤の発光量が少ないため，マクベスチャートの赤が黒ずんで見えます．

(c) 白色発光ダイオード（LED）は，青色 LED と青の補色である黄色に発光する蛍光体を組み合わせて白色を作っています．消費電力が小さく，現在，照明の主流に

図 5.16 露光時間で異なるスペクトルの色調．デジタルカメラを用いたスペクトル像撮影では，露光量によってスペクトル像の発色が変わります．露光時間が不足していると，黄色，水色といった RGB フィルターにはない中間色の再現が悪くなります．3 秒露光では，露出オーバーで色が飛んでしまっています．
[Nikon D7000，55–200 mm f/4–5.6G (f=200 mm)，露出：マニュアル，フォーカス：マニュアル，f/10，ISO：1000]

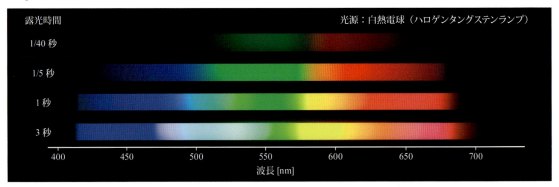

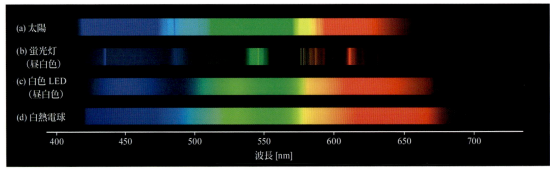

図 5.17 色々な光源のスペクトル像．

なっています．白色 LED 照明の基盤である青色 LED 開発の功績が認められ，2014 年，赤﨑勇，天野浩，中村修二の 3 氏にノーベル物理学賞が授与されました．

(d) 白熱電球は，タングステンフィラメントに電流を流し，ジュール熱の放射で光ります．放射光の大部分は近赤外より波長が長い見えない光で，効率が悪く電力消費が大きいため，照明用途としては白色 LED に置き換えられつつあります．

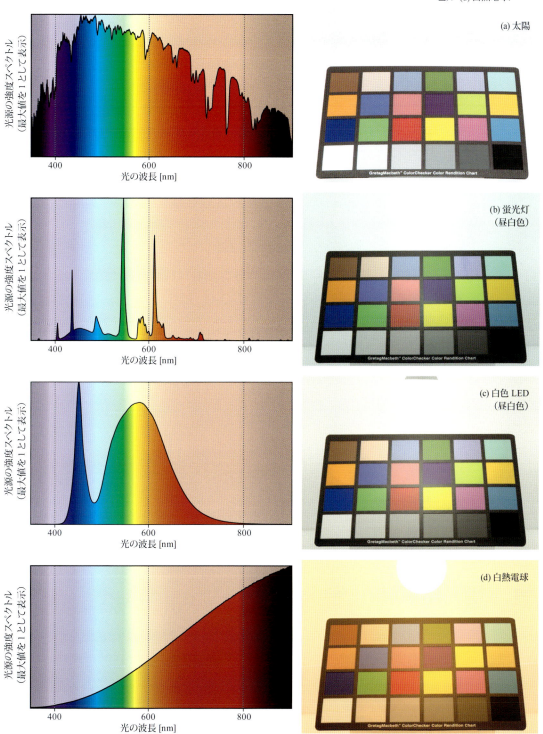

図 5.18 色々な光源の放射スペクトルと色合いの比較．(a) 太陽光．(b) 蛍光灯（昼白色）．(c) 白色 LED（昼白色）．(d) 白熱電球．

5.4 プラズマボールの色の謎を探る

科学博物館などの展示でよく目にするプラズマボールですが，USB で電源供給できる小型の製品が科学おもちゃとして出回っていて，比較的安価に入手することができます．基本構成は，ガラス球の中心に電極が入ったプラズマ発光部と電極に高周波の高電圧を印加する電源部です．ガラス球には，ネオンやキセノンなどの不活性ガスが封入されていて，高周波の高電圧印加によって不活性ガスが電離し，プラズマが発生します．その際，電離したガスを伝って電流が流れて放電し，プラズマ発光と呼ばれる淡い光を発します．

図 5.19 は，インターネット販売で入手して，撮影に使用したプラズマボールです．高さ 15 cm 程度の大きさで，PC の USB ポートから電源がとれるので，お手軽にプラズマ発光を楽しむことができます．

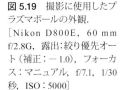

図 5.19　撮影に使用したプラズマボールの外観．
［Nikon D800E，60 mm f/2.8G，露出：絞り優先オート（補正：−1.0），フォーカス：マニュアル，f/7.1，1/30 秒，ISO：5000］

5.4.1　プラズマ発光の撮影

プラズマボールのプラズマ発光は，意外に弱く，部屋を暗くしないときれいに見えません．加えて，発光場所が絶えず動くので，撮影では，高感度で比較的速いシャッターを切る必要があります．糸状のプラズマ発光（プラズマ放電チャネル）をブレずに写すためには，図 5.20 のように，シャッター速度は遅くとも 1/60 秒が必要です．また，室内が明るいと，図 5.19 や図 5.22 のように，ガラス球の表面に背景が映り込むので，部屋を暗くして撮影するのがいいでしょう．

5.4.2　プラズマ発光を分光する

プラズマ発光のスペクトル像撮影には，CD–R 分光器ではなく，図 5.21 に示す別の自作分光器を使用しました．図 5.21 の分光器は，図 5.5(b) の回折格子を反射

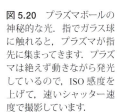

図 5.20　プラズマボールの神秘的な光．指でガラス球に触れると，プラズマが指先に集まってきます．プラズマは絶えず動きながら発光しているので，ISO 感度を上げて，速いシャッター速度で撮影しています．
［Nikon D800E，105 mm f/2.8G，露出：プログラムオート（補正：−2.7），フォーカス：マニュアル，f/4，1/60 秒，ISO：6400］

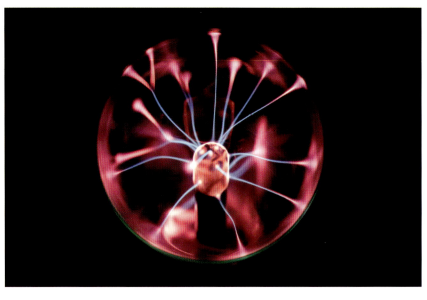

型にしたもので，市販製品に近い構成になっています．コリメートレンズには，市販のアクロマートレンズ，結像レンズにはカメラのズームレンズ，撮影にはデジタル一眼レフカメラを用いてます．CD–R 分光器に比べると，コリメートレンズと反射型回折格子を用いているため，明るく，像の縦方向のひずみが少ない分光器です．プラズマ発光のスペクトル像撮影では，発光ラインを高分解能で画像化したかったので，入射スリット幅は 10 μm にしました．

　また，比較のための分光スペクトル測定には，市販の小型 CCD 分光器を用いました．図 5.22 のように，光ファイバーの先端をプラズマボールに向け，光ファイバーを通してプラズマ光を分光器に導入しています．分光器と PC は USB 接続されていて，スペクトル強度を見ながら露光時間，積算回数などの測定条件を決めてから，スペクトルを測定することができます．プラズマ発光の測定では，プラズマ放電チャネルが動いて入射光量が絶えず変動するため，露光時間を長めに設定し，光量が時間平均されたプラズマ発光を測定するようにしました．

● **スペクトル積算によるノイズの低減**

分光器の積算回数を n 回にした場合，n 個のスペクトルを測定し，スペクトルを平均化します．測定時間は n 倍掛かりますが，ランダムノイズ成分を $1/\sqrt{n}$ に減らすことができます．

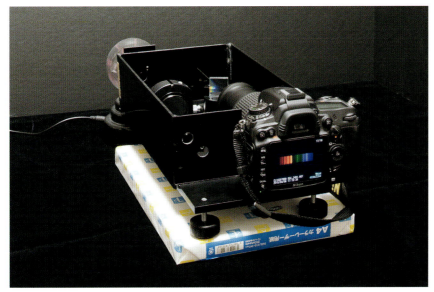

図 5.21 自作回折格子分光器．プラズマボールのスペクトル像は，自作回折格子分光器に，D7000 + 55–200 mm f/4–5.6G を装着して撮影しました．
分光器の仕様は，焦点距離：150 mm，反射型回折格子：300 本/mm，500 nm ブレーズ，入射スリット幅：10 μm です．中央部，カメラレンズの前に四角く見えているのが反射型回折格子（25 mm × 25 mm）です．カメラ背面のモニターに映し出されているスペクトル像は，撮影後の画像で，リアルタイムモニターの画像ではありません．

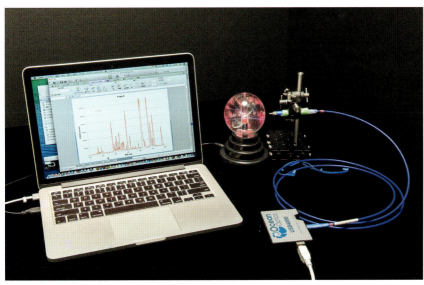

図 5.22 プラズマボールのスペクトル測定．光ファイバー入力の小型 CCD 分光器を使って，発光スペクトルを測定しました．

5.4.3 線スペクトルの答え合わせ

図 5.23 は，撮影したプラズマ発光のスペクトル像です．太陽や白熱電球のように，ある波長範囲で連続分布したスペクトルを連続スペクトルと呼ぶのに対して，プラズマ発光のように，とびとびの波長に不連続な輝線を含むスペクトルを線スペクトルといいます．図 5.23 の撮影では，プラズマの発光強度が弱いうえに，高分解能，高画質を狙って，入射スリットを 10 μm と狭くし，ISO 感度を 100 に抑えたため，露光時間が 900 秒にもなっています．この撮影条件は，改善の余地がありそうです．

図 5.24 で，プラズマ発光のスペクトル像および CCD 分光器の測定スペクトルを，文献[9] に記載されているネオン，アルゴン，キセノンの主な輝線波長と比較してみましょう．ネオン，アルゴン，キセノンの輝線波長の文献値は白とオレンジの線で描いてあり，そのうち，実測のスペクトルと波長が一致するものは白線で表しています．白線の波長分布を見ると，500 nm 付近から短波長側ではキセノンの線スペクトルと，長波長側ではネオンの線スペクトルとよく一致していることがわかります．この結果から，少なくとも，ガラス球内の封入ガスにはネオンとキセノンが含まれていることがわかります．また，図 5.20 のプラズマ発光のうち，赤みを帯びたものはネオン由来，放電チャネルの青白い糸状の発光はキセノン由来と考えてよいでしょう．

図 5.23 プラズマボールのスペクトル像．入射スリット幅が 10 μm と狭く，像が暗いため，長時間露光になってしまいました．撮影条件としては，ISO 感度を 1000 程度まで上げて，露光時間を 1/10 程度に抑えた方がよかったと思われます．
［Nikon D7000, 55–200 mm f/4–5.6G（f=200 mm），露出：マニュアル，フォーカス：マニュアル，f/22, 900 秒，ISO：100］

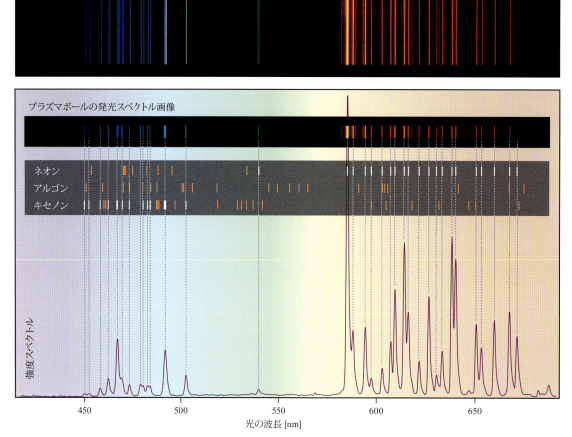

図 5.24 プラズマボールの輝線波長の照合．プラズマボールのスペクトル像と測定スペクトルのピーク位置はよく一致しています．また，プラズマ発光のピーク波長から，短波長側のラインはキセノンの発光，長波長側のラインはネオンの発光であることがわかります．
［スペクトル測定：Oscan Optics USB–2000+，スリット幅：10 μm，回折格子 600 本 /400 nm ブレーズ，光ファイバー：コア径 φ 400 μm，露光時間：1000 ms，積算回数：10 回］

5.5 プリズムが作るスペクトル

プリズムは，科学おもちゃとして市販されていて，簡単に入手することができます．学生の頃，プリズムを使った分光実験をやったことがある方も多いのではないでしょうか．ここでは，プリズムが作り出すスペクトルについて考察していきましょう．

5.5.1 思ったほどスペクトルが分かれない

書籍やインターネットで，プリズムの分光原理を説明した図 5.25 のようなイラストをよく見かけます．図 5.25 では，白色光が正三角形プリズムに入射した直後から分散し始め，出射するときにはさらに大きくスペクトルが分かれるように描かれています．しかし，実際には，こんなに大きくスペクトルが分離することはありません．

図 5.27 は，代表的な光学ガラスである BK7 相当品の正三角形プリズム（頂角 60°）に，最小偏角（図 5.26 参照）で白色光を入射した場合の分散のようすです．プリズム出射後，かなりの距離を進まないとスペクトルに分離しません．BK7 は，ホウケイ酸ガラスの一種で，Schott Glass 社（現 Schott AG 社）の商品名です．現在では，BK7 の物性（屈折率 $n_\mathrm{d} = 1.517$，アッベ数 64.2）と同等のガラスが広く使われていて，BK7 相当品などと呼ばれます．安価に入手できるプリズムの多くは，屈折率やアッベ数が BK7 に近いものですので，図 5.27 と同程度の分散しか期待できません．

実は，同じプリズムを使って，大きく分散させる方法があります．短波長側（青側）の出射角が臨界角（出射角が 90°）近くになるよう入射角を設定すると，図 5.28 のように，スペクトルを大きく広げることができます．

図 5.25 よくあるプリズムの分光原理図．一般的な材質のプリズムでは，これほど大きくスペクトルが分散することはありません．

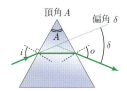

最小偏角のとき，入射角 i ＝ 出射角 o

図 5.26 最小偏角．プリズムへの入射光とプリズムからの出射光が成す角を偏角といいます．入射角と出射角が等しいとき，偏角が最小になり，このときの偏角を最小偏角といいます．

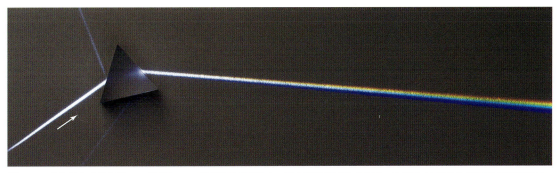

図 5.27 プリズムによる分光 1．一般的な BK7 相当品のプリズムに，最小偏角で入射した場合，スペクトルはほとんど分離してくれません．
［Nikon D800E，60 mm f/2.8G，露出：マニュアル，フォーカス：マニュアル，f/8，10 秒，ISO：200］

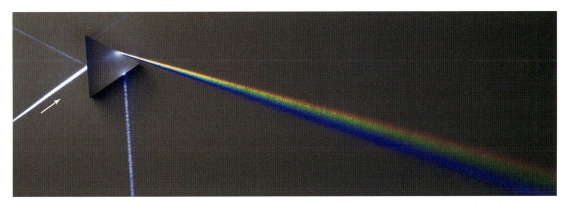

図 5.28 プリズムによる分光 2．一般的な BK7 相当品のプリズムでも，出射角が臨界角に近くなると，スペクトルが大きく分離します．
［Nikon D800E，60 mm f/2.8，露出：マニュアル，フォーカス：マニュアル，f/8，10 秒，ISO：200］

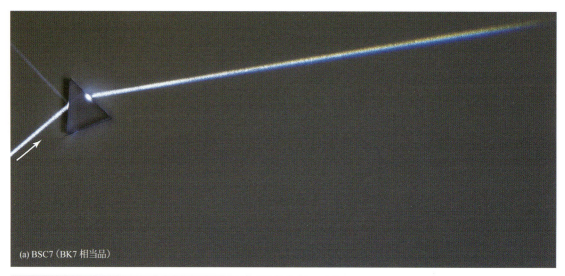

(a) BSC7(BK7 相当品)

(b) TAFD5F

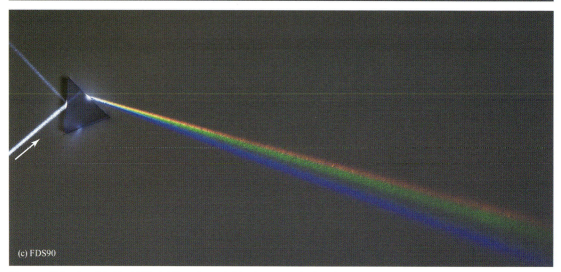

(c) FDS90

図 5.29 頂角 50°のプリズムで比較した異なるガラスの屈折の違い．(a) 一般的なガラス：BSC7（HOYA 株式会社における BK7 相当品），(b) 高屈折率・低分散ガラス：TAFD5F，(c) 高屈折率・高分散ガラス：FDS90．屈折率の高さは出射角の大きさ，屈折率分散の大きさはスペクトルの分離に効きます．光源に白色 LED を使用しているため，青と緑の間が暗く抜けています．協力：高和宏行氏（ユニオプト株式会社）．
[Nikon D800E，60 mm f/2.8，露出：マニュアル，フォーカス：マニュアル，f/8，10 秒，ISO：160]

5.5.2 屈折率分散がスペクトルを分ける

ガラス材の屈折率によって，プリズムから出射するスペクトルがどのように変わるか見ていきましょう．図 5.29 は，3 種類の異なるガラスで作った頂角 50°のプリズムに，同じ角度で白色 LED を入射した場合の屈折の違いを示したものです．使用したガラスは，(a) 一般的なガラス（低屈折率・低分散）：BSC7（HOYA 株式会社における BK7 相当品），(b) 高屈折率・低分散ガラス：TAFD5F，(c) 高屈折率・高分散ガラス：FDS90 です．各ガラスの屈折率分散の違いは，図 5.30 の通りです．

(b) TAFD5F と (c) FDS90 は，(a) BSC7 に比べて屈折率が高いため，同じ入射角でも大きく屈折して出射されます．(b) TAFD5F と (c) FDS90 を比較すると，図 5.30 のように長波長側（赤）の屈折率は同程度ですが，(c) FDS90 は特に短波長側（青）の屈折率分散が大きく，短波長側（青）でのスペクトル分離が顕著です．

プリズムを使った分光の場合，屈折率分散のカーブ形状を反映してスペクトル各波長の間隔が決まりますから，スペクトルは波長等間隔にはなりません．これは，スペクトルが波長等間隔になる回折格子分光との大きな違いです．図 5.31 は，プリズム分光と回折格子分光のスペクトルを比較したシミュレーションです．(a) は BK7 の正三角形プリズム（頂角 60°）に最小偏角で入射した場合に得られるスペクトル，(b) は回折格子分光の波長等間隔なスペクトルです．両者のスペクトルは，色のバランスが全く異なります．プリズム分光の場合，材料が変わると，波長の不等間隔度合いが変わり，色のバランスも変化します．回折格子分光器しか使ったことがない筆者にとって，馴染みがあるのは (b) のスペクトルですが，プリズムで分光研究をしていたニュートンは，(a) のスペクトルを見慣れていたということになります．

●**分光器に使用されるプリズムのガラス材**
図 5.31 では，屈折率分散がわかっている BK7 を使ってプリズム分光のシミュレーションをしました．可視領域の分光に使用するプリズムのガラス材は，一般的には，BK7 より分散が大きい SF2 や N–SF11 などのフリント系ガラスが好まれるようです．

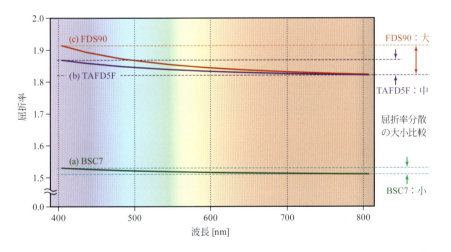

図 5.30 ガラス材の屈折率分散．(a) BSC7, (b) TAFD5F, (c) FDS90 の屈折率スペクトル．
屈折率の波長に依存した変化を屈折率分散といいます．ガラス材料は，可視域において，短波長に行くほど屈折率が高くなる正常分散を示します．
(b) TAFD5F と (c) FDS90 は，(a) BSC7 に比べて屈折率が高く，(c) FDS90 は (b) TAFD5F に比べて大きな屈折率分散をもちます．

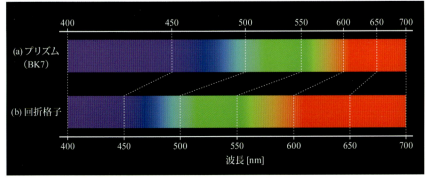

図 5.31 プリズム分光のスペクトル像と回折格子分光のスペクトル像の比較シミュレーション．プリズムでは，ガラスの屈折率分散によって分光されるため，波長に対して不等間隔，かつ，ガラス材の屈折率分散に依存したスペクトル像になります．

5.6 温度で変わるスペクトルと色

金属を熱すると，温度に応じた色の光が放射されることが知られています．例えば，図 5.32 のように金属針の先をガスバーナーであぶると，温度に依存した放射光の色を観察することができます．つまり，炎にさらされた先端は温度が高く，白い光を放ちますが，炎から遠ざかるに従って温度が下がっていき，放射光の色は白から黄色，黄色から赤，赤から黒に変化します．

ここでは，ハロゲンタングステンランプの輝度，すなわちフィラメントの温度を変えながら，フィラメントからの放射光の色とそのスペクトルを比較してみましょう．

5.6.1 ハロゲンタングステンランプの色とそのスペクトル

図 5.33 は撮影に使用した顕微鏡用ハロゲンタングステンランプ，図 5.34 はフィラメントの撮影風景です．ランプハウスの電源ケーブルを延長し，顕微鏡から離した場所でも顕微鏡の光源ボリュームを使ってランプの明るさを変えられるようにしています．ランプハウス内のランプの真後ろにあるリフレクターがフィラメント撮影に邪魔なので，黒いアルミ板をランプの後ろに挿入してミラーを隠しています．

図 5.35 は，ハロゲンタングステンランプの輝度を変えながら撮影したフィラメントとそのときの放射スペクトルです．(a) 〜 (d) の順にフィラメントの温度は高くなっています．放射スペクトルの測定には，可視用（波長 300 〜 990 nm），近赤外用（波長 900 〜 1650 nm）の 2 台の分光器を使用しました．分光器の回折格子や CCD 検出器には，効率や感度に波長分布があるため，NIST（National Institute of Standards and Technology，アメリカ国立標準技術研究所）準拠校正データ付きのハロゲンタングステン標

図 5.32 熱した針先からの光の放射．放射光の色は，温度が高いときには白く明るく光り，温度が下がるに従って，白から黄色，黄色から赤，赤から黒へと変化していきます．
［Nikon D800E，105 mm f/2.8G ＋接写リング 56 mm，露出：マニュアル，フォーカス：マニュアル，f/8，1/50 秒，ISO：100］

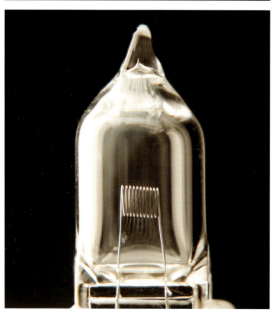

図 5.33 撮影に使用した顕微鏡用光源のハロゲンタングステンランプ．最大電流を流したときの色温度は約 3200 K です．

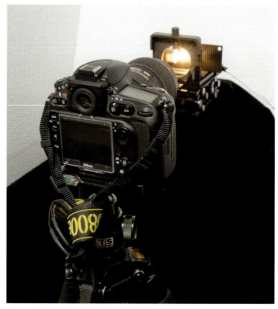

図 5.34 フィラメントの撮影風景．ランプの後ろに配置されているリフレクターを黒いアルミ板で隠して撮影しています．

5.6 温度で変わるスペクトルと色

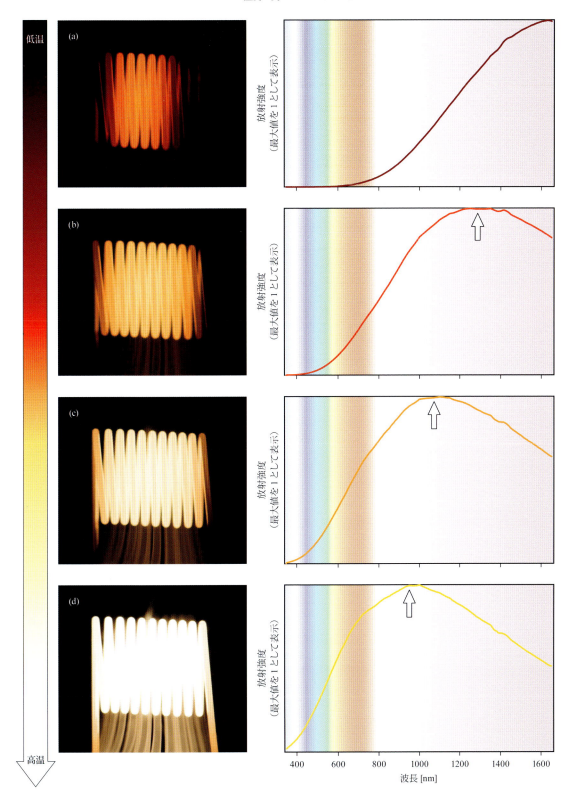

図 5.35 温度に依存したフィラメントからの放射光の色と放射スペクトル．ハロゲンタングステンランプに流す電流を少しずつ上げながら，フィラメントの撮影とスペクトル測定を行いました．フィラメント温度の上昇に伴って，放射スペクトルのピークが短波長側にシフトしていきます．
[Nikon D800E，105 mm f/2.8G，露出：マニュアル，フォーカス：マニュアル，ISO：100，(a) f/13, 1/25 秒，(b) f/13, 1/3200 秒，(c) f/18, 1/8000 秒，(d) f/29, 1/8000 秒]

●プランクの法則

1880年代のプロイセン（現在のドイツ）では，鉄鉱石から鉄を作る過程で，1000℃以上にもなる熔鉱炉の温度を測れる温度計がなかったため，熟達した職人が放射光の色で熔鉱炉中の鉄の温度を判断していました．これを科学的に解釈し定式化したのがマックス・プランクです．1900年，彼は，古典的な理論では説明が不可能だった黒体からの放射光スペクトルを正確に説明できる「プランクの法則」を導出し，前期量子論を生み出しました．

準光源を使ってCCD分光器の感度校正を行い，放射光の強度スペクトルを得ています．放射スペクトルの縦軸は，最大値を1に合わせて表示しています．図5.35(a)〜(d)のスペクトルを見比べると，フィラメントの温度上昇に伴い，ピーク波長が短波長側にシフトしていることがわかります．つまり，温度が高いほど，全放射光の中で可視光の比率が増えていきます．

外から入射された全ての波長の電磁波を完全に吸収し，また放射できる物体を黒体と呼びます．熱せられた黒体からは，温度に応じた色の光が放射されます．これを黒体放射と呼びます．ある温度における黒体放射スペクトルは，プランクの法則から求めることができます．図5.36は，図5.35に示したフィラメントからの放射スペクトルと黒体放射スペクトルを重ね書きしたものです．温度の上昇とともに，放射スペクトルの強度が増し，放射スペクトルのピーク波長は短波長へと移動しますが，約3200 Kの放射であっても，放射エネルギーの大部分は目に見えない赤外の光であることがわかります．

5.6.2 「色温度」って何だ？

色温度は，発光体の色を数値で表現する尺度で，その発光体と同じ色の光を放射する黒体の温度を絶対温度（熱力学的温度）ケルビン (K) で表したものです．図5.37に，身の周りで見ることができる光を色温度順に並べました．色温度が低いときには暗い赤，色温度が次第に高くなるとオレンジ〜黄色〜白〜青みがかった白と変化し，さらに高温になると青みが次第に増していきます．

普通の太陽光は5000〜6000 K，澄み切った高原の正午の太陽光は約6500 K，朝夕の太陽光は約2000 Kといわれています．また，晴れ渡った青空は約12000 K，曇り空は約7000 Kです．

冬の代表的な星座であるオリオン座の対角に輝くベテルギウスとリゲルの対照的な色は，星の放射温度の違いを反映したものです．赤みを帯びたベテルギウスの色温度は約3500 K，青白く輝くリゲルは約11000 Kです．

図5.36　黒体放射スペクトルとフィラメントの放射スペクトル．ハロゲンタングステンランプの発光スペクトルは，黒体放射スペクトルとほぼ同じ形状になります．ハロゲンタングステンランプの輝度が増して，温度が高くなると，放射スペクトルの強度ピークは次第に短波長側にシフトしていき，放射光の色は黄色から白に変化します．

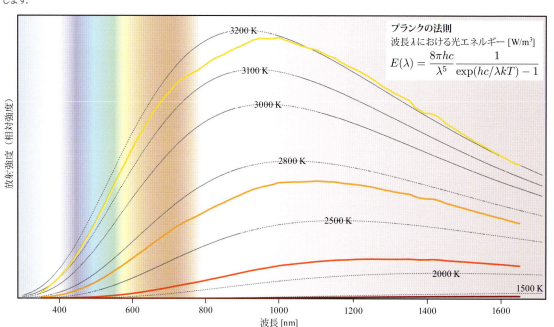

プランクの法則
波長λにおける光エネルギー [W/m³]
$$E(\lambda) = \frac{8\pi hc}{\lambda^5} \frac{1}{\exp(hc/\lambda kT) - 1}$$

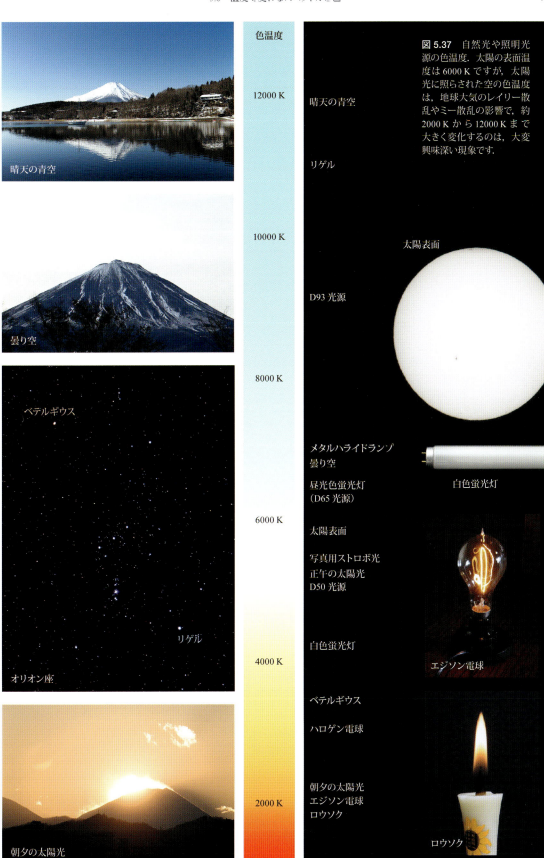

図 5.37　自然光や照明光源の色温度．太陽の表面温度は 6000 K ですが，太陽光に照らされた空の色温度は，地球大気のレイリー散乱やミー散乱の影響で，約 2000 K から 12000 K まで大きく変化するのは，大変興味深い現象です．

5.6.3 刻々と変わる空の色温度

野外での写真撮影では，背景光である空の色温度が写真のホワイトバランスに影響を与えます．特に，日の出前後，日没前後の短い時間で，空の状態は大きく変化します．図 5.38 〜図 5.40 は，長野県奥蓼科にある御射鹿池で早朝に撮影した一連の風景写真です．御射鹿池は，東山魁夷画伯が「緑響く」の風景モデルにしたことで知られ

図 5.38 早朝の御射鹿池 1．3 時 59 分に撮影．無風状態の日を狙って撮影に行きました．絞りすぎと ISO 感度の上げすぎが悔やまれます．
［Nikon D7000，16–85 mm f/3.5–5.6（f=26 mm），露出：マニュアル，フォーカス：マニュアル，f/14，13 秒，ISO：6400］

図 5.39 早朝の御射鹿池 2．4 時 13 分に撮影．天気は曇り．空がだんだん白んできました．
［Nikon D7000，16–85 mm f/3.5–5.6（f=31 mm），露出：マニュアル，フォーカス：マニュアル，f/14，2.5 秒，ISO：2500］

図 5.40 早朝の御射鹿池 3．4 時 30 分に撮影．日の出後の撮影です．かなり青みが抜けて，普通の緑色になりつつあります．
［Nikon D7000，16–85 mm f/3.5–5.6（f=30 mm），露出：マニュアル，フォーカス：マニュアル，f/4.2，1/8 秒，ISO：500］

ていて，風のない日には森林が水面に映り込む美しい絵画のような風景を楽しむことができます．

　図 5.38〜図 5.40 の 3 枚の写真は，風のない曇りの日（2013 年 6 月 29 日）の，日の出の前の約 30 分間に撮影されています．撮影時刻は，それぞれ，図 5.38 が 3 時 59 分，図 5.39 が 4 時 13 分，図 5.40 が 4 時 30 分です．定点での撮影ではない 3 枚の写真をトリミングして，画角を揃えています．30 分程度の時間経過の中で，夜明けとともに，背景光である空の色温度が刻々と変化し，青みが次第に薄れていくようすがわかります．さらに，別の日に撮影した図 5.41 とも比較してみてください．図 5.41 は，木々が生い茂る真夏（2013 年 8 月 21 日）の日中 14 時 38 分の撮影なので，緑が鮮やかです．特に，図 5.38 の色合いとは対照的です．

　図 5.42 は，東山魁夷作「緑響く」です．青い光に包まれた神秘的な湖畔の風景は，静寂に支配された夜明け前の時間であることを私たちにイメージさせ，その空間に張りつめる凛とした空気を感じさせてくれます．

● プルキンエ現象

夜明け前のように，薄暗いが完全な暗黒ではない状況では，眼の桿体細胞の働きによって青色に近い波長で感度が高くなり，錐体細胞の働きによって色を識別できます．そのため，暗がりで目にする景色は青味を帯びて見えます．これを薄明視といいます．このような明るさによって視感度の波長特性がずれる現象をプルキンエ現象（プルキニェ現象）と呼びます．

暗がりの中，肉眼で見た御射鹿池の景色は，写真で見るよりさらに青みがかっていたということになります．

図 5.41　夏の日中に撮影した御射鹿池（撮影日：2013 年 8 月 21 日）．少し風があるため，水面の映り込みが乱れています．炎天下の風景に，神秘的な「青」を望むことはできません．［Nikon D7000, 16–85 mm f/3.5–5.6 (f=18 mm)，露出：マニュアル，フォーカス：マニュアル，f/11，1/250 秒，ISO：250］

図 5.42　東山魁夷作「緑響く」．1982 年，長野県信濃美術館東山魁夷館所蔵．東山魁夷画伯は，御射鹿池の風景を本作品の風景モデルにしたといわれています．

Chapter 6

色彩を楽しもう

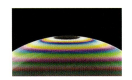

図 6.1 シャボン玉の干渉色. 重力によって，シャボン膜の膜厚は，上から薄くなっていきます. てっぺんの黒いところは，石けん分子が水を挟んで並んだ 2 分子膜で，黒膜と呼ばれます.

ものには固有の「色」があります．しかし，例えば，シャボン玉は，シャボン液自体が透明であるにもかかわらず，カラフルな色を見せてくれます（図 6.1）．これは，光の波長程度に薄いシャボン膜が干渉を起こすためです．シャボン玉の膜のような，本来，固有の「色」をもたないものが，光の波長程度に微細な構造，特に周期的な構造をもつことによって発する色を構造色といいます[1,2]．

6.1 微細構造が「色」を作り出す

構造色を発生させる微細構造には，大まかに，図 6.2 に示すような種類があります．(a) 基本的な薄膜構造の干渉：シャボン玉や油膜のように，薄膜の厚さが波長程度の場合の干渉による発色です．干渉については，図 6.3，図 6.5 の説明をご参照ください．(b) 厚さ方向の 1 次元周期構造（多層構造）の干渉：貝殻の真珠層やタマムシに見られる発色は，多層膜干渉によるものです．(c) 面内方向の 1 次元周期構造の回折：CDやDVDを光にかざすと見られる虹色は，回折によるものです．回折の原理は，図 5.2 をご参照ください．(d) 2 次元・3 次元周期構造の干渉・回折：複雑な色変化するオパールの遊色は，3 次元周期構造によるものです．(e) レイリー散乱，ミー散乱：大気分子のレイリー散乱によって波長の短い青い光が散乱されて，空が青く見えます．夕焼けは，レイリー散乱によって透過光から青い光が抜けて，生き残った赤い光が再び散乱される多重散乱によって，大気が赤く染まる現象です．(f) 円偏光選択反射：甲虫の中には，右回り円偏光と左回り円偏光で全く異なる反射をするものがあります．

ここでは，いくつかの実例に見られる鮮やかな構造色を楽しんでいきましょう．

図 6.2 構造色を発生させる微細構造. 光の波長と同程度のサイズの規則的な繰り返し構造が起こす干渉・回折・散乱などによって，鮮やかな構造色が作り出されます.

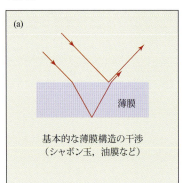
(a) 基本的な薄膜構造の干渉
（シャボン玉，油膜など）

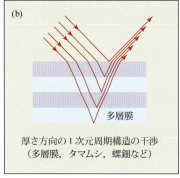
(b) 厚さ方向の 1 次元周期構造の干渉
（多層膜，タマムシ，螺鈿など）

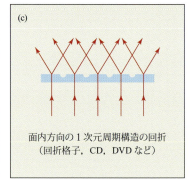
(c) 面内方向の 1 次元周期構造の回折
（回折格子，CD，DVD など）

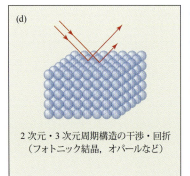
(d) 2 次元・3 次元周期構造の干渉・回折
（フォトニック結晶，オパールなど）

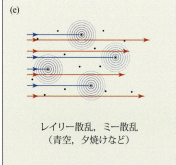
(e) レイリー散乱，ミー散乱
（青空，夕焼けなど）

(f) 円偏光選択反射
（コレステリック液晶，コガネムシなど）

6.2 干渉から生まれる色彩

6.2.1 シャボン膜の干渉

図 6.4 に示すシャボン玉や水上の油膜に見られる鮮やかな虹色は，膜の干渉によってもたらされています．干渉とは，2 つ以上の光が空間的に重ね合わされたときに，強め合う，あるいは弱め合う現象です[1, 2]．図 6.3 のように，波の山同士／谷同士が足し合わされるとき強め合い，山と谷が足し合わされるとき弱め合います．

図 6.5 に，シャボン膜を例にした干渉の概要を示します．(a) 左上から入射された光は，シャボン膜表面で一部反射されます（表面反射光）．(b) 残りは膜中を進み，膜の裏面に到達した光の一部が反射され，膜を往復して表面から出てきます（裏面反射光）．(c) 表面反射光と裏面反射光は，重ね合わされた状態で人間の眼やカメラに入ってきます．そのとき，膜の厚さによって強め合う干渉条件となる波長が変わるため，場所によって見える色が変わります．

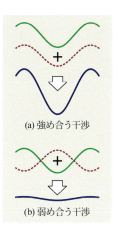

図 6.3 強め合う干渉と弱め合う干渉．波の山同士／谷同士が足し合わされるとき強め合い，山と谷が足し合わされるとき弱め合います．

図 6.4 シャボン玉の干渉色．シャボン膜の膜厚が絶えず変化して干渉色が動くので，ISO 感度を上げて速いシャッター速度で撮影しています．中央の影は，撮影に使用したカメラです．[Nikon D800E，60 mm f/2.8G，露出：マニュアル，フォーカス：マニュアル，f/13，1/50 秒，ISO：5000，フラッシュ：SB–900 バウンス]

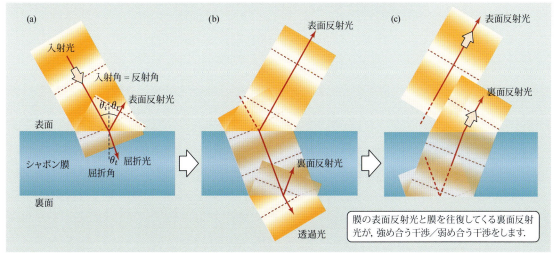

図 6.5 シャボン膜を例にした干渉の概要．表面反射光と裏面反射光が，シャボン膜の膜厚に応じてずれて重ね合わされるために，強め合ったり弱め合ったりします．

6.2.2 ビスマス（bismuth）

ビスマスは，わずかに赤みがかった銀白色をした金属で，原子番号は 83，周期表では窒素（N），燐（P），ヒ素（As），アンチモン（Sb）と同じ 15 族に属します．融点は 271.3℃ と低く，凝固によって体積が増加する特徴があります．また，脆くて柔らかく，割れる場合は 1 方向にきれいに劈開します．ビスマスは高温超伝導体の 1 成分として使用されるほか，ビスマス化合物は医薬品（整腸剤）の原料として用いられます．

図 6.6 は，人工的に作られたビスマス結晶の例です．「骸晶」と呼ばれる幾何学的な形状とカラフルな色彩が特徴で，観賞用として市販されています．人工ビスマス結晶は，ビスマスを加熱溶融後に徐冷して作ります．四角錐が積み重なったようなビスマスの「骸晶」は，過冷却状態から急激に結晶成長するときに形成されます．また，鮮やかな色は，シャボン玉の色と同じように，光の干渉によるものです．結晶の徐冷過程で表面が薄い酸化膜に覆われますが，結晶各部で冷える速度が違うために酸化膜の膜厚が異なり，図 6.6 のような美しい干渉色のグラデーションができます．

図 6.6 人工ビスマス結晶．横幅が 7 cm 程度の結晶をマクロ撮影しました．まるで造形物のような幾何学構造と表面酸化膜による鮮やかな干渉色のグラデーションが特徴です．協力：堀石廉氏（石華工匠）．
[Nikon D800E，60 mm f/2.8G，露出：マニュアル，フォーカス：オート，f/9，1/25 秒，ISO：100]

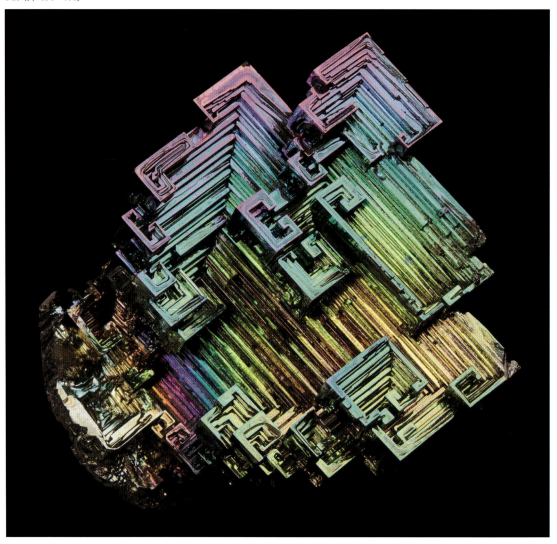

6.2.3 ニュートン・リング

　ニュートン・リングは，曲率半径の大きい凸レンズと平面ガラスを接触させて観察するのが一般的ですが，図 6.7 では，片面に酸化チタン（TiO_2）が成膜された φ 25 mm，厚さ 1 mm のガラス基板 2 枚を使って，ニュートン・リングを発生させています．成膜されたガラス基板は，応力のために膜側が若干凸に変形します．膜面同士を接触させれば，極めて曲率半径が大きい凸面形状によって，ニュートン・リングが発生します．また，TiO_2 は高屈折率なので，高コントラストの干渉縞が得られます．

　ニュートン・リングは，図 6.7(a) のように，TiO_2 膜の間の空気層が光路差になって生じた同心円状の干渉です．(b) はホコリなどが邪魔して中央部に隙間ができ接触していない状態，(c) は中央部が接触した状態です．片面に成膜されたガラス基板の湾曲が非常に小さいため，接触した領域では原子間力が働いて，膜面同士が吸着します．こうした分子レベルでの密着をオプティカルコンタクトと呼びます．膜の表面状態が良いとさらに吸着が強まり，例えば，(d) のような状態になります．「ニュートン・リングの中心部は必ず暗い」という記述をよく見ますが，それは接触面からの反射がないという意味で，オプティカルコンタクトしている領域は空気層がないガラス / TiO_2 / ガラスの透明窓になって，(d) のように，背景が透過して見えます．

●ニュートン・リング
平面ガラスの上に，曲率半径の大きい凸レンズを置き，単色光を当てると見える同心円状の干渉縞をニュートン・リングといいます．ニュートン・リングは，ガラス／レンズ間の空気層の干渉で起こります．アイザック・ニュートンが発見したことから，その名が付きました．

図 6.7　膜付きガラス基板のニュートン・リング．協力：東伸氏（株式会社オプトクエスト）．
［Nikon D800E，105 mm f/2.8G，露出：マニュアル，フォーカス：マニュアル，f/13，(a) 1/60 秒，ISO：100，(b) 1/80 秒，ISO：100，(c) 1.6 秒，ISO：200］

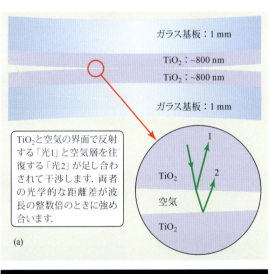
(a)

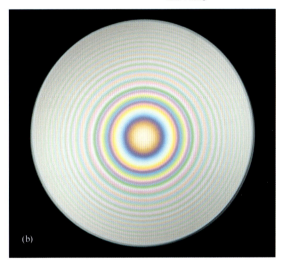
(b)

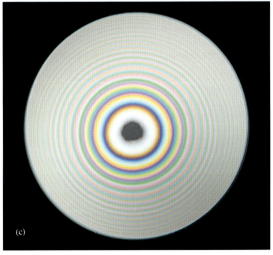
(c)

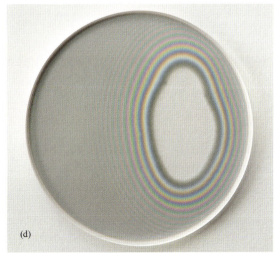
(d)

6.2.4　真珠層の輝き

・パウア貝（*Haliotis iris*）

　ニュージーランド産のパウア貝は，アワビ貝の一種で，別名「孔雀アワビ」と呼ばれます．採取された段階では白い貝殻ですが，殻の表面を丁寧に磨くことで真珠層が露出し，干渉によって虹色に輝きます（図 6.8）．

　独特の色合いから「海のオパール」とも呼ばれ，ニュージーランドでは定番の土産物だそうです（残念ながら，筆者はニュージーランドに行ったことがありません）．

・トコブシ（*Sulculus diversicolor aquatilis*）

　鮮魚店で普通に購入できる身近な貝類でも，虹色に輝く真珠層を見ることができます．図 6.9 は，トコブシの貝殻の内側を撮影したものです．真珠層の輝きは，古くから漆器などの装飾技法である螺鈿細工に使われてきました．

　また，真珠層をもつ貝は，衣服の装飾ボタンの材料としてよく利用されます．

●真珠層
真珠層は，貝類などの軟体動物の貝殻内面にある真珠のような光沢を帯びた層のことで，その主成分は炭酸カルシウム（$CaCO_3$）です．真珠層の色は，光の波長程度の周期をもつ多層構造によってもたらされる干渉色です．

図 6.8　パウア貝．アワビ貝の一種で，貝の外面を磨くと美しい干渉色が現れます．
[Nikon D800E，60 mm f/2.8G，露出：マニュアル，フォーカス：マニュアル，f/13，1.6 秒，ISO：100]

図 6.9　トコブシ．鮮魚店で売っている身近な貝でも，きれいな干渉色を見ることができます．
[Nikon D800E，105 mm f/2.8G，露出：マニュアル，フォーカス：マニュアル，f/16，1/5 秒，ISO：100]

・アンモナイト（ammonite）

図 6.10 は，白亜紀前期（約 1 億年前）のアンモナイト（頭足類）の化石です．アンモナイトの化石の中には，このように，殻の真珠層の多層構造によって虹色に発色するものがあり，「レインボーアンモナイト」と呼ばれることがあります．有機色素の色は褪色で失われてしまいますが，構造色は，微細構造が存在する限り，色が失われることはありません．古生物学では，化石の中に残された微細周期構造の痕跡を探し，その古代生物が生きていた当時の体色を再現する研究も行われています[14]．

図 6.11 に示すアンモライト（ammolite）は，アンモナイトの化石表面が別の鉱石に置き換わった「置換化石」と呼ばれるもので，北アメリカのロッキー山脈の東側でのみ産出し，宝石として珍重されています．アンモライトとレインボーアンモナイトは，どちらも元はアンモナイトですが，発色の起源が異なります．レインボーアンモナイトは真珠層の多重干渉色，アンモライトはオパール状の構造が発する遊色です．遊色が美しい鉱物のオパール（図 6.12）は二酸化ケイ素（SiO_2）が主成分であるのに対して，アンモライトのオパール状構造は生物起源の炭酸カルシウム（$CaCO_3$）が主成分です．

図 6.10　レインボーアンモナイト．白亜紀前期（約 1 億年前）に生息していたアンモナイトの化石の表面にも真珠層の輝きが確認できます．
[Nikon D800E, 105 mm f/2.8G, 露出：マニュアル，フォーカス：マニュアル，f/22, 1.3 秒, ISO：100]

図 6.11　アンモライト．アンモナイトの化石表面が別の鉱石に置き換わった「置換化石」と呼ばれるもので，レインボーアンモナイトとは別物です．発色の起源は，オパール状構造が発する遊色です．

図 6.12　ウォーターオパール（原石）の遊色．ナノサイズの球状シリカ微粒子が凝集して 3 次元的な周期構造を形成していて，光の当て方や見る方向によって遊色の色や光り方が変わります．

6.3 イリスアゲートの怪しい輝き

6.3.1 イリスアゲート（iris agate）

　火成岩や堆積岩の空洞内部に，二酸化ケイ素を主成分とする石英，玉髄（石英の微結晶が緻密に固まった鉱石），オパール（遊色をもつ非晶質な含水ケイ酸鉱物）などが層状に沈殿してできた鉱物をメノウ（瑪瑙，agate）と呼び，イリスアゲートはその一種で，沈殿でできた層構造の回折によって，透過光が虹色に怪しく輝きます．

　イリスアゲートの変身ぶりを見ましょう．直径 8 cm 程度のイリスアゲートを撮影

図 6.13 通常照明で見たイリスアゲート．
直接照明光を当ててしまうと，メノウ表面で反射して，光源の像が映り込んでしまうため，照明光を半透過のレフ板を通して映り込まない方向から照射しています．ストロボをバウンスで使用する方法でもよいと思います．協力：堀石廉氏（石華工匠）．
［Nikon D800E, 60 mm f/2.8G, 露出：マニュアル, フォーカス：マニュアル, f/22, 1/2.5 秒, ISO：1250］

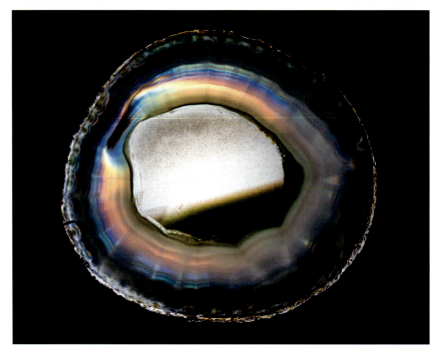

図 6.14 背後から白色 LED の点光源で照明した場合のイリスアゲート．
空洞内に沈殿してできた同心円状の層構造が起こす回折によって虹色に色付いて見えます．
［Nikon D800E, 60 mm f/2.8G, 露出：マニュアル, フォーカス：マニュアル, f/22, 1/20 秒, ISO：200］

しました．図6.13は表面側から照明して普通に撮影しています．その際，メノウの表面反射で照明光源が映り込まないように，半透明の拡散板を通して斜め上方向から照明しています．一方，図6.14は背面から光を照射して撮影しています．層状の堆積部が円形の虹のように怪しく輝く姿に引き込まれます．

撮影では，図6.15のように，小型Vブロック2個の溝を利用して立てた透明アクリル板に，イリスアゲートを立てかけて，先端を平面に削り落とした砲弾型白色LED光源（図8.3）を，カメラに対してメノウの真後ろになるように配置しています．きれいな虹色が出る位置関係を，光源とメノウの距離，メノウとカメラの距離を少しずつ変えながら探しました．

6.3.2 CD–Rだって負けてはいない

イリスアゲートが発する同心円状の虹色は，空洞内に沈殿してできた層構造の回折によるものです．これは，CD–RやDVD–Rのポリカーボネート基板（PC基板）に刻まれている同心円状のランド・グルーブ構造によく似ています．ランド・グルーブとは，CD–Rなどの記録可能な光ディスク記録メディアに刻まれている溝構造のことで，記録再生用レーザー光をガイドする役割をします．溝が刻まれている領域がグルーブ，土手状の平らな領域がランドと呼ばれます．

皆さんは，「ディスクを光にかざしても同心円状の虹なんか見えない」とお思いかもしれません．それは，照明の仕方が違うからです．イリスアゲートと同様，背面から光を照射してやればよいのです．

その撮影方法と画像をお見せする前に，図6.16(a)に示す2次回折光のお話をしておきましょう．図5.2で説明したように，光は波長と同程度の周期的な構造に出会うと回折します．図5.2では，1波長ずれで強め合う回折光：1次回折光を図示しました．実際には，2波長ずれで強め合う2次回折光，3波長ずれで強め合う3次回折光が存在し，次数が高い回折光ほど大きな回折角で出射されます．

図6.16(b)の撮影配置を見ましょう．青と赤の1次回折光同士を比較すると，青より波長の長い赤の方が大きな回折角で出射されますから，同心円状の虹は，ディスク内周部から波長の短い順（青→緑→赤）に並びます．青の2次回折光は，赤の1次回折光よりもさらに大きな回折角で出射されるので，赤の外側に再び青が現れることになります．

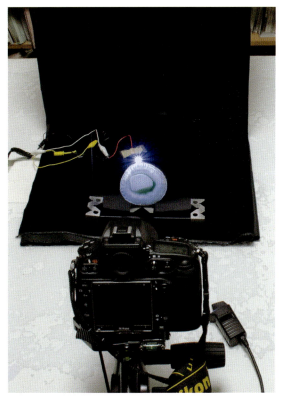

図6.15 背後から白色LEDの点光源で照明しながらイリスアゲートを撮影しているようす．少し斜めに立てた透明アクリル板を支えにイリスアゲートを立てかけています．

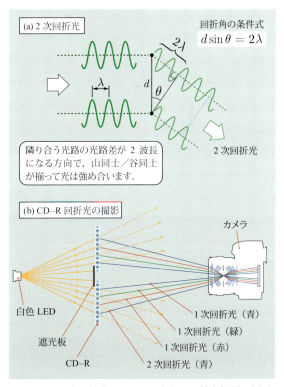

図6.16 (a) 2次回折光と(b) CD–Rからの回折光撮影の概要．CD–R外周部に見える青い光は，2次回折光です．

図6.17に，ディスクの背後から光を照明したときにCD–Rが発する同心円状の回折像を示します．内周部から外周部に向かって波長の短い青から波長の長い赤まで1次回折光が波長順に並び，さらにその外側に2次回折光の青が見えています．光源とCD–Rの距離，CD–Rとカメラの距離を変えると，色の順番は変わらず，同心円状の虹の大きさが変わります．

さて，CD–Rの背後から照明するためには，ディスクを透明にしなければなりません．そのため，CD–Rの記録層裏面にあるアルミニウム層を剥がします．剥がし方は簡単で，ディスクの記録面とは反対側のラベル面にカッターで軽く傷を付け，荷造り用ガムテープを貼って剥がせば，記録層を境に剥離することができます（図6.20）．CDは，CD–Rと似ていますが，ランド・グルーブではなく記録ピットの上に直接アルミが蒸着されているため，紹介した方法では剥離することができません（図6.18）．

●記録ピット
CDやDVDなどディスク状の読み出し専用光学記録メディアで，データを記録する「くぼみ」のことを記録ピットと呼びます．

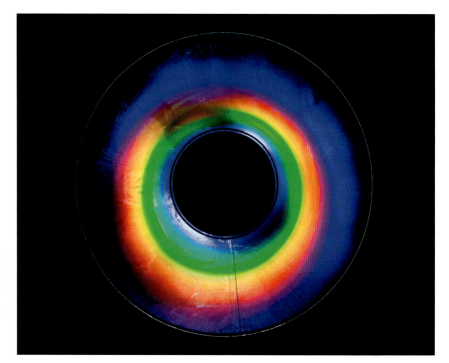

図6.17　CD–Rの回折像．イリスアゲートと同様，アルミ層を剥がしたCD–Rの背後から白色LEDの点光源で照明して撮影しました．
［Nikon D800E，105 mm f/2.8G，露出：マニュアル，フォーカス：マニュアル，f/8，1/10秒，ISO：100］

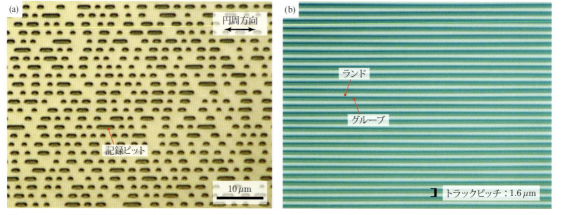

図6.18　(a) CDの顕微鏡写真と(b) 未記録のCD–Rの顕微鏡写真．CDでは，スタンピングによって記録ピット（写真中，黒く見えるところ）が掘られています．CD–Rでは，ランド・グルーブと呼ばれる溝が切ってあります．(b)のCD–Rが青緑色に見えるのは，記録層に青色の有機色素が使われているためです．CD–Rは図6.20の方法で記録層を境に剥離できますが，CDのアルミ層を剥がすことは困難です．

6.3.3　CD–R と DVD–R は構造が違う

　CD–R と同様に，DVD–R を撮影すると図 6.19 になります．CD–R で最外周に見えていた青の 2 次回折光は見られず，虹色の 1 次回折光がディスク全体を覆っています．

　この両者の違いは，ランド・グルーブの繰り返し間隔（トラックピッチ）の違いによります．CD–R と DVD–R の記憶容量は，それぞれ，0.7 GB，4.7 GB です．両者の記憶密度は大きく異なり，CD–R では 1.6 μm だったトラックピッチが，DVD–R では 0.74 μm に狭められています．ここで，図 5.2 に示した回折角の条件式を思い出してください．同じ波長 λ なら格子間隔 d が狭いほど回折角 θ は大きくなります．

　また，DVD–R は，0.6 mm 厚 PC 基板の貼り合わせ構造になっているため，アルミ層を剥がすには，図 6.21 のように，2 枚の PC 基板の隙間にカッターの刃を差し入れて徐々に剥離します（カッターで怪我をしないよう十分に注意してください）．

●回折角の条件式

$$d \sin \theta = m\lambda$$

格子間隔：d
波長：λ
回折角：θ
回折次数：m

波長 λ が同じなら，格子間隔 d が狭いほど，回折角 θ は大きくなります．図 5.2 (p.54) を参照してください．

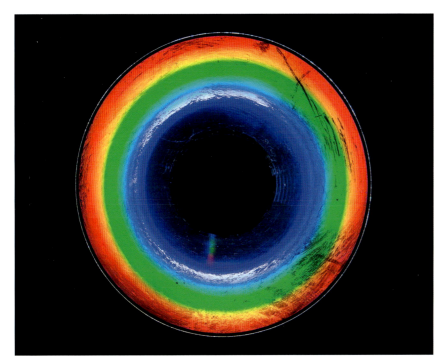

図 6.19　DVD–R の回折像．アルミ層を剥がした DVD–R の背後から白色 LED の点光源で照明して撮影しました．DVD–R は CD–R に比べて，トラックピッチが狭いため，CD–R より回折角が大きくなります．図 6.17 と図 6.19 は全く同じ配置で撮影したわけではないので，定性的な比較になりますが，CD–R では内周部に見えている緑色が，DVD–R ではディスク記録部の中程に移動して，回折像が全体的に大きくなっていることがわかります．〔Nikon D800E，60 mm f/2.8G，露出：マニュアル，フォーカス：マニュアル，f/8，1/40 秒，ISO：100〕

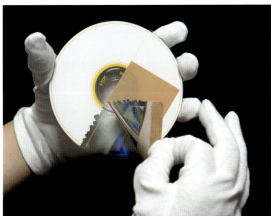

図 6.20　CD–R の剥がし方．CD–R では，記録層のラベル面側にアルミが蒸着されているので，カッターで軽く傷を付けてから荷造り用ガムテープを貼って剥がします．

図 6.21　DVD–R の剥がし方．DVD–R は 0.6 mm 厚の PC 基板の貼り合わせになっているので，怪我をしないように注意しながら，隙間にカッターを差し入れて 2 枚に分けます．

6.4 コガネムシの円偏光選択反射

6.4.1 円偏光で変わるコガネムシの色

コガネムシなどの甲虫のなかには，左円偏光はその体表で反射するが，右円偏光は反射しないという変わった特性をもつものがあります．この性質を円偏光の選択反射と呼びます．左円偏光，右円偏光の回転方向は，図 6.22 のように観測者（カメラ）側から見て定義します．円偏光選択反射の説明はたいへん難しいのですが，ごく簡単にいうと，コガネムシの体表は左回りのらせん構造物質で覆われていて，左回りの円偏光だけを反射し，右回りの円偏光は吸収します．詳しくは，石川謙氏のホームページ「コガネムシは円偏光」[15]をご参照ください．

図 6.22 (a) 左円偏光と (b) 右円偏光．偏光の回転方向は，観測者（カメラ）側から見て定義します．

図 6.23 左円偏光 / 右円偏光で反射色が全く異なるアオドウガネ．(a) 左円偏光板の場合，(b) 右円偏光板の場合．

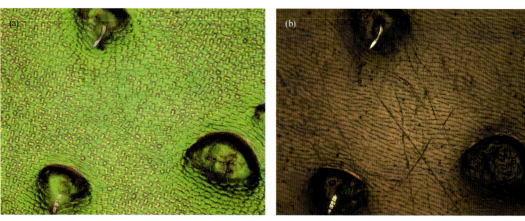

図 6.24 左円偏光 / 右円偏光で異なるアオドウガネ体表の顕微画像．(a) 左円偏光板を通して撮影したアオドウガネ体表の顕微鏡写真．(b) 右円偏光板を通して撮影たアオドウガネ体表の顕微鏡写真．どちらも，焦点合成した画像です．

実際に，アオドウガネ(甲虫目コガネムシ科)に円偏光を照射して撮影すると，図6.23のように，左円偏光と右円偏光では，同じ個体とは思えないほど色が変わります．撮影では，C–PL（図3.29のサーキュラー PL）をカメラに装着し，C–PL の前で1/4波長板を回転させています．1/4波長板の進相軸がC–PLの直線偏光子の透過軸に対して，+45°（反時計回りに45°）方向のときには左円偏光，− 45°（時計回りに45°）方向のときには右円偏光のみが C–PL を透過します．図6.24は，偏光顕微鏡を使ってアオドウガネ体表の左円偏光反射像，右円偏光反射像を撮影したものです．左円偏光では見えている細かなテクスチャーが，右円偏光では消失していことがわかります．

● **1/4 波長板シート**
1/4 波長板は，インターネットで比較的安価なシートタイプの製品が入手可能です．
● **進相軸**
屈折率が低く，光の伝搬速度が速い軸．↔遅相軸

6.4.2 クールな焦点合成ソフトウェア

アオドウガネの体表には，湾曲や局部的な凸凹があるため，顕微鏡を使った撮影では，体表の一部にしか焦点が合いません．図6.24では，顕微鏡の焦点位置を少しずつずらしならが撮影した (a) 28枚，(b) 27枚の画像から，焦点合成を行い，擬似的に，被写界深度が深い1枚の画像を得ています．

焦点合成には，無料ながら精度の高い画像合成をしてくれるCombineZP[16] を使用しました（図6.25）．少しずつ焦点をずらしながら撮影した複数の画像をCombineZP に読み込ませると，CombineZP は，① コントラスト等の情報を元にそれぞれの画像から焦点が合っている部分を抽出，② 抽出された部分画像を合成，③ 画像全領域で焦点が合った画像を生成，という流れで画像処理を行います（図6.26）．

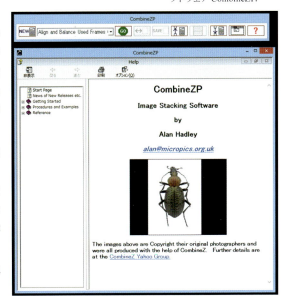

図 6.25 顕微鏡画像の焦点合成に使用したフリーソフトウェア CombineZP．

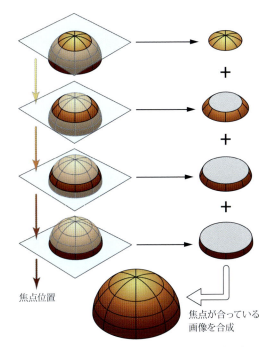

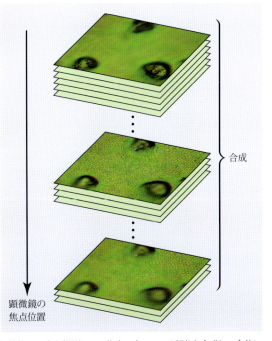

図 6.26 焦点合成の概要．顕微鏡の焦点位置を少しずつずらしながら複数枚の写真を撮影して，焦点の合っている部分を合成し，全体に焦点が合っている1枚の画像を作成します．

Chapter 7

ミクロを楽しもう

●Cマウント
16 mm シネカメラ，CCD カメラ，ビデオカメラの汎用マウントの1つ．顕微鏡の光学ポートとしては，標準的な規格です．Cマウントの基準面から結像面までの距離（フランジバック）は，17.526 mm です．

●マイクロフォーサーズ
ミラーレスのレンズ交換式カメラにおける共通規格の1つで，2008年，オリンパスとパナソニックによって策定されました．

顕微鏡（microscope）は，その名の通り，ミクロの世界を楽しむための優れた観察ツールです．ここでは，顕微鏡を使って，ミクロの世界を楽しんでいきましょう．

7.1 顕微鏡の像拡大

図 7.1 に，無限遠補正光学系の顕微鏡における結像のようすを示します．試料の各点から出た光は，対物レンズを通過するとコリメート光になって進み，結像レンズで像面に焦点を結びます．結像する像の倍率は，対物レンズの焦点距離：f_1 と結像レンズの焦点距離：f_2 の比 f_2/f_1 で決まります．結像レンズの焦点距離は，顕微鏡メーカー

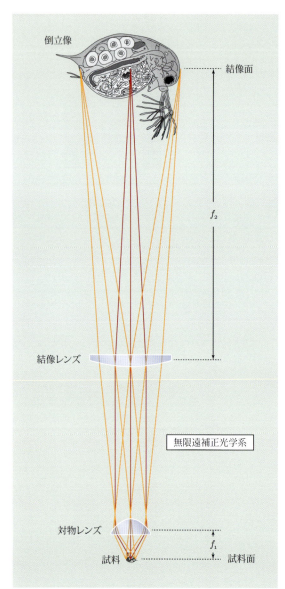

図 7.1 顕微鏡（無限遠補正光学系）の結像．

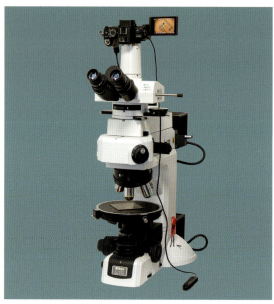

図 7.2 撮影に使用した顕微鏡（Nikon Eclipse LV100）．

図 7.3 顕微鏡に C マウント接続されたミラーレスカメラ．

によって異なっていて，ニコン製では f_2=200 mm，オリンパス製では f_2=180 mm です．例えば，無限遠補正光学系のニコン製顕微鏡に，焦点距離 f_1=20 mm の対物レンズを付けた場合，結像面にできる像の倍率は 10 倍になります．

撮影に使用した図 7.2 の顕微鏡は，透過／落射（反射）が切り替えられるタイプで，偏光を使った観察も行うことができます．画像撮影は，C マウントに接続されたマイクロフォーサーズ規格のミラーレスカメラで行います．図 7.2 の写真で，顕微鏡の最上部に C マウント接続されているのがミラーレスカメラです．図 7.3 のように，C マウントとカメラの接続には，C マウントレンズをマイクロフォーサーズカメラに接続するためのアダプタリング（C マウント –M4/3 アダプタ）を使用しています．接眼レンズで試料観察するか，C マウントに接続されたミラーレスカメラで画像撮影するかの選択は，三眼鏡筒の光路切り替えノブで行います．

7.2 照明方法による見え方の違い

顕微鏡観察では，試料の照明方法によって，見え方が大きく変わります．ここでは，落射照明（反射配置の照明）で撮影した千代紙表面を例に，照明法によって異なる画像の違いを見比べていきましょう．

撮影に使用した照明法は，図 7.4 に示す 3 種類です．(a) 落射明視野照明：照明光とカメラに向かう反射光は同軸です，(b) 落射暗視野照明：照明光は大きな入射角で入射します，(c) 懐中電灯の斜め照明：白色 LED 懐中電灯の光を，落射暗視野照明よりも大きな入射角で，外部から斜め照明します．

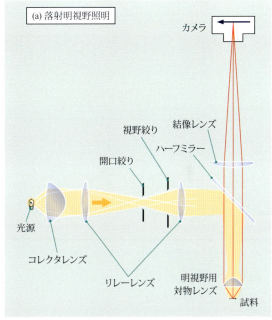

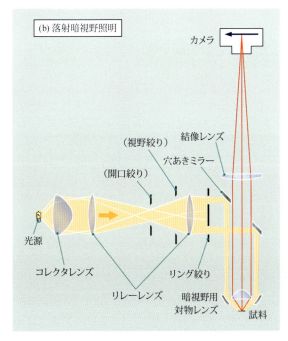

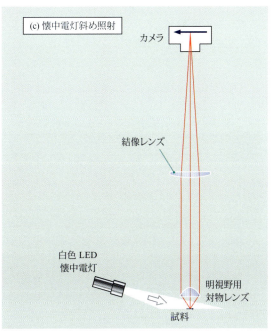

図 7.4　顕微鏡の落射照明法の違い．顕微鏡観察では，光の照射方法で像の見え方が変わります．図 7.7～図 7.9 で示す千代紙表面の撮影例で比較した照明方法は，次の 3 種類です．(a) 落射明視野照明，(b) 落射暗視野照明．(c) 白色 LED 懐中電灯の斜め照射．

図7.5は，反射画像の比較撮影に使用した千代紙の全体画像で，大きさは一辺120 mm 程度です．図7.5の四角で囲まれた領域をマクロ撮影で拡大したのが図7.6，さらに，図7.6の四角で囲まれた領域を倍率10倍の対物レンズを使った顕微鏡で拡大したのが図7.7～図7.9です．

観察している試料面上での円形視野の直径を実視野といいます．実視野は，視野数（接眼レンズで見ることができる中間像の直径）を対物レンズの倍率で割ることによって求まります．使用した顕微鏡の場合，視野数：22，対物レンズ：10倍，実視野：2.2 mmです．カメラのセンサー対角寸法が視野数とほぼ等しいので，図7.7～図7.9の画像対角は約2.2 mm です．カメラのセンサーサイズによっては，撮影視野領域が制限を受ける場合もあります．

図7.7～図7.9を見比べましょう．(a) 落射明視野照明では，千代紙表面付近の乱反射のうち，主に正反射方向の成分を見ることになります．そのため，紙の繊維は比較的平坦に撮影されます．(b) 落射暗視野照明では，主に正反射方向から角度が付いた乱反射光・散乱光成分を見ることになります．そのため，繊維の凹凸が強調された画像が得られます．(c) 懐中電灯の斜め照明では，落射暗視野照明よりさらに高角度で照明光が入射されるため，繊維の凹凸の影が見えるようになって凹凸形状がさらに強調されます．

図 7.5 顕微鏡の落射照明法による違いを比較した千代紙．四角で囲った領域の一部を拡大して，比較撮影しました．
［Nikon D800E，60 mm f/2.8G，露出：マニュアル，フォーカス：マニュアル，f/8, 1/13 秒, ISO：100］

図 7.6 千代紙の比較領域をマクロ撮影した拡大写真．四角で囲まれた領域を顕微鏡で拡大して，比較撮影しました．
［Nikon D800E, 105 mm f/2.8G, 露出：マニュアル，フォーカス：マニュアル，f/9, 1/15 秒, ISO：100］

7.2 照明方法による見え方の違い

図7.7 落射明視野照明で撮影した千代紙表面。落射明視野照明では、主に正反射光方向の反射光成分を見ることになります。金粉は反射率が高く、正反射方向の反射光成分が多いため、明るく写ります。
［Panasonic DMC-GH3, 顕微鏡：Nikon Eclipse LV100, 対物レンズ：TU Plan Fluor BD 10x, 露出：マニュアル, フォーカス：マニュアル, 1/125秒, ISO：1600］

図7.8 落射暗視野照明で撮影した千代紙表面。落射暗視野照明では、主に乱反射光・散乱光成分を見ることになります。
［Panasonic DMC-GH3, 顕微鏡：Nikon Eclipse LV100, 対物レンズ：TU Plan Fluor BD 10x, 露出：マニュアル, フォーカス：マニュアル, 1/125秒, ISO：400］

図7.9 白色LEDの懐中電灯を斜めに照射しながら撮影した千代紙表面。懐中電灯の斜め照射では、暗視野照明よりさらに表面の凹凸が強調されます。金粉は正反射方向の反射光成分が多く、対物レンズ方向にはあまり反射しません。そのため、金粉の多くは暗く写っています。
［Panasonic DMC-GH3, 顕微鏡：Nikon Eclipse LV100, 対物レンズ：TU Plan Fluor BD 10x, 露出：マニュアル, フォーカス：マニュアル, 1/30秒, ISO：1600］

7.3　1層ずつ割れるシャボン膜

フランスのジャン・ペランは，1914年，シャボン膜の色の研究から，シャボン膜が非常に多くの薄い層が重なってできていること，単位となる1層の厚さは約5.4 nmであることを突き止めました[17]．皆さんは，シャボン玉のてっぺんに現れる黒い円を見たことがあるでしょうか（図6.1参照）．これは，黒膜と呼ばれる最も薄い1層のシャボン膜で，ペランが発見した単位となる層です．シャボン液に使われる石けんは，水となじむ親水基と水となじまない疎水基（親油基）をもつ界面活性剤です．黒膜は，図7.11(a)のように，疎水基を外に向け親水基を水に浸けた石けん分子が水の層の両面に並んだ2分子膜構造をしています．石けん分子の長は約2 nm，石けんの2分子膜の厚さは5～6 nmで，ペランの研究と一致します．一見，1枚の膜に思えるシャボン膜は，石けんの2分子膜が数多く積層した構造をしているのです（図7.11(b)）．

図7.12は，シャボン膜の多層構造が作り出す干渉色を撮影した顕微鏡写真です．特に，図7.12上部に見られる膜厚が薄く干渉色がモノトーンになっている領域では，ステップ状に膜厚変化していることが，はっきりと確認できます．このように，2分子膜のステップが現れるということは，図7.11(b)の模式図のように，シャボン膜が層ごとに割れていくことを意味しています．

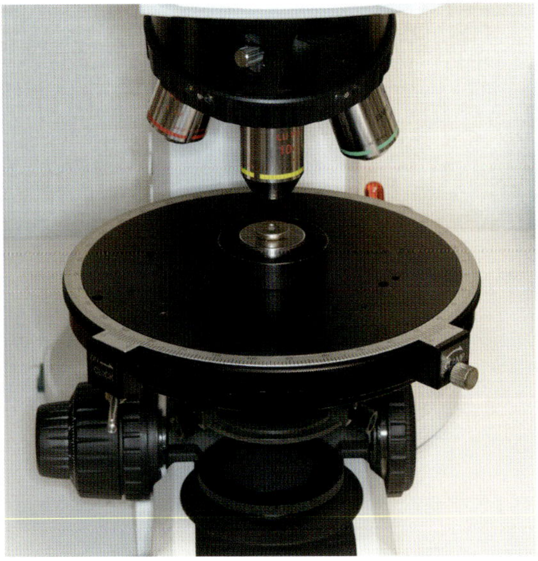

実験の概要は次の通りです．シャボン液には，香料などの添加物を含まない無添加の台所用洗剤（サラヤ社「ヤシノミ洗剤」）を使用し，浄水器を通した水道水で希釈しました（この実験では，水道水を汲み置きしたり，その上澄みを使ったりといった手間は掛けていません）．実は，シャボン液の作り方や濃度でステップの出方が変わりますが，その条件は不明です．シャボン膜を張るための金属でできた円筒状の枠（図7.10中央）を顕微鏡にセットし，ゼムクリップを延ばした針金でシャボン液を延ばしてシャボン膜を張りました．撮影は，落射明視野で行っています．シャボン膜を透過した余分な光が映り込まないように，透過用コンデンサーレンズを外して黒い遮光板を置き，迷光を抑えています．シャボン膜は，時々刻々変化するため，図7.12では1/1250秒と速いシャッター速度で撮影しています．

●シャボン膜の寿命
普通，はかなく短時間で割れてしまうシャボン玉ですが，イギリスのサー・ジェイムズ・デュワー（デュワー瓶の発明者）は，直径20 cmの枠に張ったシャボン膜を，清浄な空気で満たした瓶に閉じ込めて，水の蒸発，衝撃，二酸化炭素の影響から遮断し，シャボン膜を1年以上割らずに保存する実験を行いました．

図7.10　顕微鏡を使用したシャボン膜撮影のようす．顕微鏡の焦点位置にシャボン膜を張る円筒状の金属枠をセットしています．

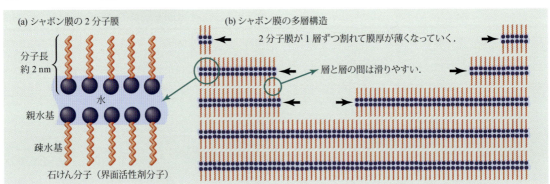

図7.11　シャボン膜の層構造．シャボン膜は水を挟んだ2分子膜を1つの単位として，層ごとに割れていきます．

図 7.12 層構造をもつシャボン膜．シャボン液の濃度などの条件が合うと，明瞭な多層構造が見られるシャボン膜を作ることができます．
[Panasonic DMC–GH1，顕微鏡:Nikon Eclipse LV100，対物レンズ:LU Plan Fluor 10x，露出:マニュアル，フォーカス:マニュアル，1/1250 秒，ISO：200]

7.4 色彩あふれるミクロの世界

結晶などの光学異方性がある物質を偏光で観察すると，図 3.27 の原理で色が付いて見えます．さらに，偏光顕微鏡を使えば，肉眼の観察では見ることのできない，微細な結晶が作り出す複雑な色彩を楽しむことができます[18]．

撮影には，図 7.2 の顕微鏡を透過配置にして，図 7.13 のように，偏光子と検光子を挿入した偏光顕微鏡を使用しました．基本的には，偏光子と検光子を直交ニコル（図 3.25(c) 参照）に配置して，背景を暗くした状態で観察／撮影を行います．

・バニリン（vanillin）

バニリンは，バニラの甘い香りの主成分で，アイスクリームなどの乳製品，チョコレート，キャンディ，リキュール，タバコなどの香料に広く利用されています．

本実験では，図 7.14 に示す試験研究用のバニリンを用い，スライドガラス上にバニリン結晶を作りました．バニリンは融点が 80〜81℃と低いので，100 円ガスライター程度の熱で容易に溶融，再結晶化します．まず，スライドガラス上に微量のバニリン，カバーガラスの順に乗せます．次に，ライターでスライドガラスの下から温めます．その際，手袋を着用するなど火傷しないよう十分に注意してください．また，炎が近すぎると，煤が発生したり，熱し過ぎて沸騰する恐れがあるので，遠火でゆっくり温めてください．バニリンが融けてカバーガラスとの隙間全体に広がったら火を消します．最後に，カバーガラスの上から力を加えて，溶融したバニリンを薄く伸ばします．均一な圧力が望ましいので，カバーガラスの上に，ノートなどを乗せて指で押さえます．力加減によってバニリン再結晶層の厚さが変わり，色も変化します．もし，鮮やかさが不足していたらバニリン層が厚すぎる可能性があります．ガラスが冷え始めると，複数の核から結晶成長するようすが観察できます．

場所によって結晶方位が異なるため，図 7.15 のように，入射直線偏光の偏光面に対して，試料を回転させると，90°周期で偏光色の明暗が反転します．図 7.16 は，カバーガラス全体に広がったバニリン結晶のマクロ撮影です．さまざまな結晶が混在する中から，偏光顕微鏡下で美しい領域を探して撮影します（図 7.17）．

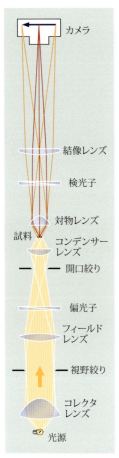

図 7.13 透過偏光顕微鏡の光学系.

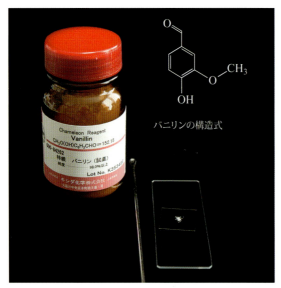

図 7.14 試験研究用のバニリン．加熱・溶融するバニリンの量は，この写真程度で十分です．

図 7.15 偏光方向に依存した色の変化．入射直線偏光の方向に対して試料を回転させると，偏光色の明暗が 90°周期で反転します．

7.4 色彩あふれるミクロの世界

図7.16 カバーガラス全体に広がったバニリン結晶のマクロ写真．このなかから，顕微鏡できれいな場所を探して撮影します．
[Nikon D800E, 105 mm f/2.8G＋接写リング68 mm, 露出：マニュアル，フォーカス：マニュアル，f/20, 2秒, ISO：100]

図7.17 バニリン結晶の偏光顕微鏡写真．使用した対物レンズLU Planは，表面観察用なので，本来，カバーガラスを使った観察には用いません．本撮影では，カバーガラスによる球面収差の影響が無視できるように，NA（開口数，レンズが集光する立体角の大きさを表す値）を小さくして使用しています．
[Panasonic DMC-GH1, 顕微鏡：Nikon Eclipse LV100, 対物レンズ：LU Plan ELWD 20x, 露出：マニュアル，フォーカス：マニュアル, 1/40秒, ISO：800]

図 7.18 L-グルタミン酸ナトリウムの構造式.

図 7.19 アスコルビン酸の構造式.

- **L-グルタミン酸ナトリウム**（monosodium L-glutamate） 図 7.18，図 7.20

  L-グルタミン酸ナトリウムはグルタミン酸のナトリウム塩で，そのL体はうま味調味料として有名です．試料は，うま味調味料を適量水に溶かしてスライドガラス上に滴下し，ホコリが付かないように自然乾燥させて作りました．純度が100%ではないためか，溶液濃度や温度などの乾燥環境で，結晶の質が大きく変わるようです．

- **アスコルビン酸**（ascorbic acid） 図 7.19，図 7.21

  アスコルビン酸のL体は，栄養素ビタミンCとして知られています．図 7.21(a) は粉末を水に溶かして自然乾燥，(b) は溶融後自然徐冷して結晶化しました．結晶作製法や結晶成長時の環境の違いで，全く異なる結晶が現れます（p.1 の写真も参照）．

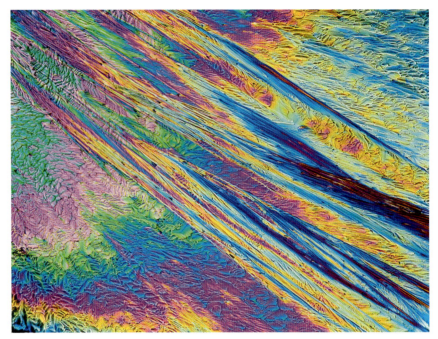

図 7.20 L-グルタミン酸ナトリウム結晶の偏光顕微画像．うま味調味料を水に溶かしてスライドガラスに滴下し，ホコリが付かないように自然乾燥させました．実験に使用したうま味調味料は，グルタミン酸ナトリウム97.5%，イノシン酸ナトリウム1.25%，グアニル酸ナトリウム1.25%です．
［Panasonic DMC-GH1，顕微鏡：Nikon Eclipse LV100，対物レンズ：LU Plan ELWD 20x，露出：マニュアル，フォーカス：マニュアル，1/30 秒，ISO：800］

図 7.21 アスコルビン酸結晶の偏光顕微画像．結晶作製法は，(a) 水に溶かして自然乾燥，(b) 溶融後自然徐冷です．結晶状態は，結晶作製法や結晶成長時の環境等に大きく左右されるようで，同じ作り方をしても全く異なる結晶ができたり，結晶化しなかったりします．例えば同一試料内であっても，多種多様な結晶状態が混在します．
［Panasonic DMC-GH1，顕微鏡：Nikon Eclipse LV100，対物レンズ：LU Plan ELWD 20x，露出：マニュアル，フォーカス：マニュアル，(a) 1/40 秒，ISO：800，(b) 1/100 秒，ISO：100］

7.4 色彩あふれるミクロの世界

・**クエン酸**(citric acid) 図7.22,図7.24

クエン酸は,レモンなどの柑橘類に多く含まれています.柑橘類特有の酸味は,クエン酸の味です.クエン酸の結晶作製は,水に溶かして自然乾燥させています.

・**メントール**(menthol) 図7.23,図7.25

メントールは,ハッカ臭のある透明な結晶で,チューインガムや歯磨きなどの口内清涼剤として利用されます.バニリンと同様,スライドガラス上で加熱溶融し,自然徐冷で再結晶化させています.バニリンに比べると複屈折が小さいので,メントール層の厚さが若干厚くなるようカバーガラスを押しつぶす力を加減します.

図7.22 クエン酸の構造式.

図7.23 メントールの構造式.

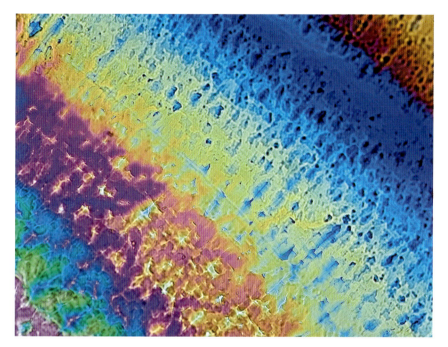

図7.24 クエン酸結晶の偏光顕微画像.クエン酸を水に溶かして,自然乾燥,再結晶化させました.[Panasonic DMC-GH1,顕微鏡:Nikon Eclipse LV100,対物レンズ:LU Plan ELWD 20x,露出:マニュアル,フォーカス:マニュアル,1/50秒,ISO:800]

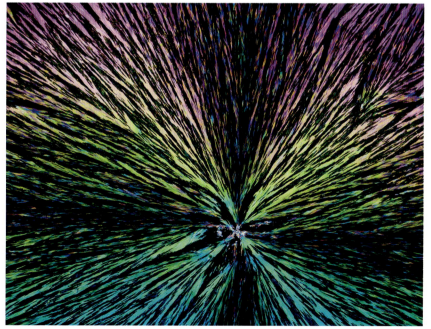

図7.25 メントール結晶の偏光顕微画像.スライドガラス上で溶融して,再結晶化させました.メントール層の厚さが,バニリンに比べると若干厚くなるように,押しつぶす力を加減します.[Panasonic DMC-GH1,顕微鏡:Nikon Eclipse LV100,対物レンズ:LU Plan Fluor 10x,露出:マニュアル,フォーカス:マニュアル,1/125秒,ISO:800]

・チモール（thymol） 図7.26，図7.27，図7.28

チモールは，ジャコウソウなどから得られる精油成分の1つで，特有の芳香をもつ無色の結晶です．防腐剤，殺菌剤，駆虫剤，化粧品などに用いられます．結晶の作製は，スライドガラス上で加熱溶融し，自然徐冷で再結晶化させています．チモールは，バニリン（図7.14）と同様に試料作りが容易で，きれいに再結晶します．

図7.27と図7.28は，同じ方法で作製したのですが，カバーガラスを抑える力が多少異なっていたために，チモール層の厚さに違いが生じています．図7.27と図7.28の色合いの違いと，図3.26の干渉色図表を見比べれば，図7.28のチモール層は図7.27より薄いことがわかります．

図7.26 チモールの構造式．

図7.27 チモール結晶の偏光顕微画像1．スライドガラス上で溶融して，再結晶化させました．
[Panasonic DMC-GH1，顕微鏡：Nikon Eclipse LV100，対物レンズ：LU Plan Fluor 10x，露出：マニュアル，フォーカス：マニュアル，1/125秒，ISO：800]

図7.28 チモール結晶の偏光顕微画像2．図7.27と同様に試料を作成したのですが，上から押しつぶす力によって溶融チモール層の厚さが変わり，発色のようすが変化します．干渉色図表（p.28，図3.26）と見比べれば，本例のチモール層は図7.27より薄いことがわかります．
[Panasonic DMC-GH1，顕微鏡：Nikon Eclipse LV100，対物レンズ：LU Plan Fluor 10x，露出：マニュアル，フォーカス：マニュアル，1/50秒，ISO：800]

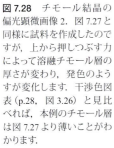

- カフェイン（caffeine）の針状結晶　図 7.29, 図 7.30

　カフェインは，コーヒーの抽出成分として知られていて，覚醒作用，解熱鎮痛作用，強心作用，利尿作用があります．飲食品では，コーヒー，烏龍茶，緑茶，紅茶，ココア，栄養ドリンクなどに含まれ，医薬品では，総合感冒薬，鎮痛剤に用いられます．結晶作製は，水に溶かして自然乾燥させています．

- レンズペーパー　図 7.31

紙繊維のセルロースが複屈折性をもっているため，きれいに色付いて見えます．スライドガラス上で水に浸し，カバーガラスで封入して撮影しています．

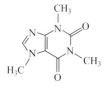

図 7.29　カフェインの構造式．

図 7.30　カフェインの針状結晶の偏光顕微画像．錠剤のカフェインを水に溶かし，自然乾燥で再結晶化させました．
［Panasonic DMC-GH1, 顕微鏡：Nikon Eclipse LV100, 対物レンズ：LU Plan Fluor 10x, 露出：マニュアル, フォーカス：マニュアル, 1/25 秒, ISO：800］

図 7.31　レンズペーパーの偏光顕微画像．スライドガラス上で水に浸し，カバーガラスで封入して撮影しました．
［Panasonic DMC-GH1, 顕微鏡：Nikon Eclipse LV100, 対物レンズ：LU Plan ELWD 20x, 露出：マニュアル, フォーカス：マニュアル, 1/320 秒, ISO：400］

Chapter 8 物作りを楽しもう

自分が手作りした小道具で光の実験が上手くいき，美しい写真が撮れれば，こんな楽しいことはありません．ここでは，光の実験や撮影に役立つ簡単な装置作りにチャレンジしてみましょう．

8.1 LED ライン光源を作る

図 4.4 の虹再現実験で使用した LED ライン光源の作製過程を説明していきます．この作製例では，図 8.1 のように，出射スリットを正面に見て，幅 90 mm ×奥行き 200 mm ×高さ 45 mm の黒色アクリル板製ケースに収めています．LED ライン光源の基本構成は，図 8.2 の通りです．図 8.1 ではわかりにくいですが，LED ライン光源ケース後部の底にスペーサーを入れて，模造紙などの乱反射表面に，光線が斜め上から入射するようアオリを付けています．この LED ライン光源を使えば，図 2.31 のような，レンズの集光光線を簡単に画像化することができます．

図 8.1 白色 LED を使ったライン光源．写真では，通常の室内の明るさのように見えますが，床面で散乱する 7 本の光線を写すために，薄暗い状態で長時間露光して撮影しています．
[Nikon D800E, 60 mm f/2.8, 露出：マニュアル，フォーカス：マニュアル，f/25, 55 秒, ISO：200]

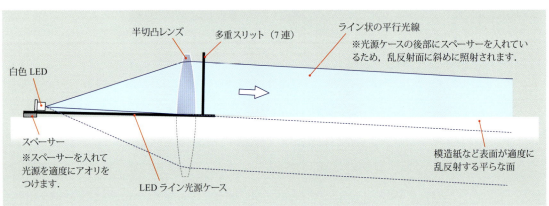

図 8.2 LED ライン光源の概要．

8.1.1 LEDを加工する

光源には，秋葉原の電子部品販売店で購入した砲弾型白色 LED（OSW54L5111P，75000 mcd，50 mA，税込 450 円／10 個）を使いました．砲弾型 LED の先端はレンズ形状ですが，集光性能がよくないため，先端を平坦に削り落とします．平坦化の手順は，およそ次の通りです．先端研磨の精度はそれほど必要なく，図 8.3 程度で十分です．また，ケースに固定しやすいよう外周部 1 カ所を平らに削っておきます．

1) プラスチック用ヤスリの荒目で，完成面位置の 2 mm 程度手前までできるだけ平坦に削る
2) プラスチック用ヤスリの細目でさらに削る
3) 平面が出るよう注意しながら紙ヤスリで水研ぎ（例えば，#800 → #1000 → #1500 → #2000）
4) プラスチック用コンパウンドで仕上げ

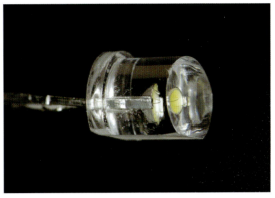

図 8.3 先端と外周の一部を平らに削り磨いた砲弾型白色 LED．

図 8.3 の LED は，疑似点光源として使用できます．図 8.4 のように，恐竜のスケルトン模型から投影スクリーンまで 1.5 m 程度離して影絵を試してみました．投影スクリーンには，白のロールカーテンを流用しています．また，黒色ポスターボードで目隠しをして，不要な映り込みを避けています．図 8.5 の通り，疑似点光源としては，まずまずの性能が得られています．

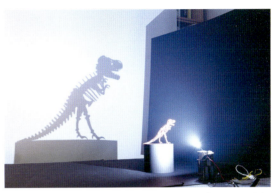

図 8.4 影絵の撮影風景．白いロールスクリーンに投影しています．サイドは黒色ポスターボードを立てかけて目隠しをしています．

図 8.5 影絵の撮影．先端を成形した白色 LED を疑似点光源として，ヴェロキラプトルのスケルトン模型を使って影絵を撮影してみました．[Nikon D800E，24–70 mm f/2.8G（f=38 mm），露出：マニュアル，フォーカス：マニュアル，f/22，20 秒，ISO：160]

● ブレッドボード
はんだ付けが不要な，電子回路の試作・実験用基板．特に小型のものをミニブレッドボードと呼びます．

図 8.6　グルーガン．色々なものの固定に使用します．ここでは，ブレッドボードへのスイッチの固定，ケース底板への LED ソケットの固定に使っています．

8.1.2　電源回路を組む

図 8.3 で作製した LED 光源を点灯するためには，電源が必要です．ここでは，積層乾電池を使った簡単な電源回路を作製します．図 8.7 のように，まず，積層乾電池の電圧：9 V と LED の定格電圧：3.3 V から，負荷抵抗で降下する電圧：5.7 V が得られます（キルヒホッフの第二法則）．次に，オームの法則を使い，LED の定格順電流：50 mA と負荷抵抗による電圧降下：5.7 V から抵抗値：114 Ω が求まります．順電流値が定格を超えないように，114 Ω 以上の抵抗を選択します．

図 8.8 のように，スイッチ，抵抗などをミニブレッドボードに配線しました．トグルスイッチはブレッドボードから外れやすいので，グルーガンで固定するとよいでしょう．まずは，図 8.3 の LED を直接ブレッドボードに挿して，図 8.8 のように，点灯することを確認してください．

8.1.3　部品を揃えてマウントする

次に，必要部品である半切凸レンズ，箱形ケース，多重スリットなどを揃えて組んでいきます（図 8.9）．半切凸レンズは，直径：60 mm，焦点距離：145 mm，インター

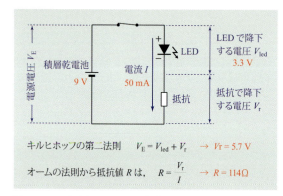

図 8.7　LED を点灯させるための簡単な回路．

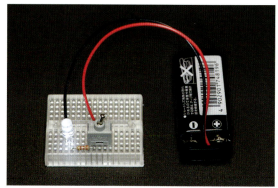

図 8.8　LED をテスト点灯させているようす．

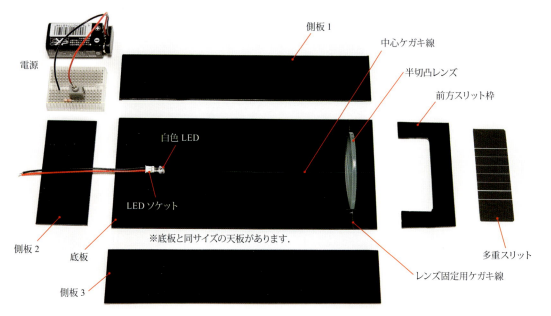

図 8.9　LED ライン光源の部品構成．

ネットの理科実験機器ショップで購入しました．レンズのコバ（端面）は黒く塗って，不要な反射を避けましょう．ケースの材質は，光が透過しない黒のアクリル板（2 mm厚）です．ケースは，レンズの焦点距離をカバーして，回路や電池が収納できるサイズにしました．光の出射方向は，多重スリットが配置できるように枠形状にしました．底板には，光軸となる中心ケガキ線，レンズ固定用ケガキ線を入れておくとよいでしょう．アクリル板加工の際には，アクリルカッター（図 3.51）で怪我をしないように十分注意してください．黒のアクリル板は，光は透過しませんが，表面反射があるため，ケースの内面を艶消し黒で塗装し直すか，植毛紙やハイミロンを貼り付けます．多重スリットは，当初，スライドガラスに「貼って剝がせるスプレー糊」で黒画用紙を貼り，スリット部分をカッターで切り落としていましたが，光量を優先して，単に黒画用紙にカッターでスリットを切ったものに変更しました（スライドガラスを使うと，表面反射と裏面反射で約 8% ロスがあります）．スリット本数は 7 本，スリット幅：約 1 mm，スリット間隔：約 7 mm です．ソケットに刺した LED と凸レンズを底板の中心ケガキ線と光軸が合うように配置し仮固定しておきます．

8.1.4 光軸・焦点位置を調整する

ソケットに挿した LED と凸レンズを底板に仮止めした状態で，図 8.11(a) のように，スクリーンに投影された像が真ん中に来るよう光軸を調整し，レンズと同じ大きさの半円像になるように焦点を調整します．LED の発光面が φ 1 mm 程度あること，両凸の単レンズでコリメートしていることから，スクリーンまでの距離は 1.5 m 程度が適当で，それ以上離すと像がぼけてしまいます．本来の像の上方に，底板に反射した光

図 8.10 迷光対策グッズ．(a) 遮光テープと (b) 艶消し黒のアクリルスプレー．また，粘着シールタイプの植毛紙は，迷光対策に有効で大変便利です．

図 8.11 光軸調整，焦点調整のようす．(a) 1.5 m 程度先のスクリーンに映した像が，中心に来るように光軸調整をし，像の大きさがレンズ径（φ 60 mm）と同じ大きさになるように焦点調整をします．(b) 多重スリットをレンズの前に置けば，7 本のコリメート光になります．

も像を作るので，投影像が上下に二重になっています．光軸調整・焦点調整が済んだら，LEDソケットと半切凸レンズを底板に固定しましょう（筆者はレンズを先に固定しました）．底板の後方（LED光源側）の下に紙などを入れて数mm程度浮かすと，出射した光が床面に白い帯となってスクリーンまで到達します．その状態で，多重スリットをレンズの前に置けば，図8.11(b)のように，平行な7本の光線が現れます．

8.1.5 ケースを組み立てる

箱の組み立て・接着には，アクリル樹脂用接着剤（図3.55）を使用します．接着は，換気のよい場所で行ってください．電源回路のミニブレッドボードは半分に切断して収めやすくしました．反射した光も活用できるように，適当な厚さ（ミラー面がLED発光面の直下となる厚さ）の紙にフィルム状アルミ蒸着ミラーを接着して，箱の床に配置しました．紙製多重スリットは，前方スリット枠の外から遮光テープで固定しました．箱内部の反射に起因する想定外の光線は，黒の塗装，植毛紙，遮光テープなどで，一つ一つ潰していきます．図8.12が組み上がった状態です．

図8.13は，LEDライン光源を使って，上下がカットされた教材用凸レンズ（図2.32）の集光光線を撮影した例です．模造紙など平らな乱反射面上にLEDライン光源を置き，ケースの後方を数mm程度浮かせて，撮影画角に十分なライン状光線の距離を確保します．次に，被撮影レンズを置き，室内を暗くした状態で，ライン状の光線に露光条件を合わせます．最後に，レンズがかろうじて写る程度に室内灯の光量を調整して撮影します．

図8.12 組み上がったLEDライン光源．

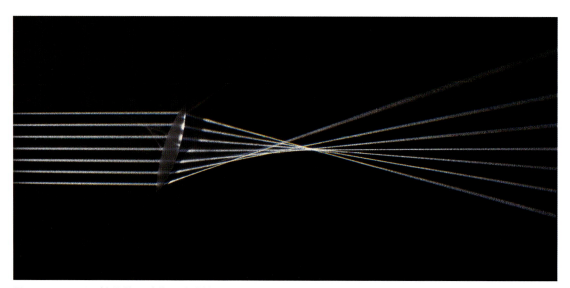

図8.13 LEDライン光源を使った光線の可視化例2．
［Nikon D800E, 60 mm f/2.8G, 露出：マニュアル，フォーカス：マニュアル，f/9, 10秒，ISO：100］

8.2 CD–R 分光器を作る

▶5 スペクトルを楽しもう（p.54）で登場した CD–R 分光器を作ってみましょう．本稿を参考に，お手持ちのカメラに合わせてアレンジしてみてください．

8.2.1 CD–R 分光器のコンセプト

インターネット上には，簡易的な分光器の作製法が，「CD 分光器」，「DVD 分光器」の名前で数多く紹介されています．そうした簡易分光器の多くは，子供達にも作れること，目視できることが最優先なので，残念ながら，デジタルカメラとの接続には向きません．実は，筆者が実施してきた過去の光学セミナーでは，図 8.14 のような，目視用の透過回折格子型紙箱分光器の作製実習を行っていました．図 8.14(b) ののぞき窓にコンパクトデジタルカメラを押し付けて，蛍光灯のスペクトル像を撮影したのが図 8.14(c) です．目視用簡易分光器を使った撮影としてはまあまあですが，本 CD–R 分光器で撮影した図 8.28 のスペクトル像と比較すれば，その差は歴然です．

ここでは，「レンズ交換式のデジタルカメラを使って美しいスペクトル像を撮影すること」に目的を絞り，身近な材料を使って CD–R 分光器を作ります．CD–R 分光器の作製では，次のような点を踏まえて，作りやすさと高性能の両立を目指しました．

1) シンプルな構造
   → 集光系，調整機構などを付けず，スリットと回折格子のみで構成
2) 安価
   → CD–R，紙筒など身近にある安価な材料を使用
3) スペクトル像のサイズ調整
   → ズームレンズによる像の拡大縮小
4) 高分解能
   → 高性能スリットの作製，適度に長い鏡筒長
5) レンズ先端に接続しカメラと一体化
   → ステップアップリングの利用

作製した CD–R 分光器の外観は，図 8.15 の通りです．CD–R 分光器の構造と構成の概要を，次のページの図 8.16, 図 8.17 にまとめます．

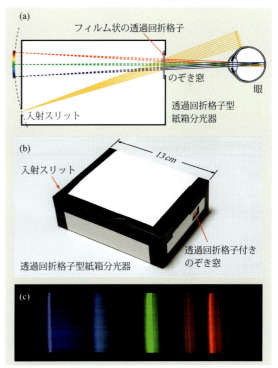

図 8.14 目視用紙箱分光器．(a) 目視用に作製した紙箱分光器の構造と (b) その外観．(c) のぞき窓からコンパクトデジタルカメラで撮影した蛍光灯のスペクトル像．本稿の CD–R 分光器で撮影した図 8.28 のスペクトル像と比べてみてください．

図 8.15 CD–R 分光器の外観．スペクトル像の大きさを調整できるよう，ズームレンズ（55–200 mm f/4–5.6G）を使用しています．このレンズは，フォーカスリングが緩くてすぐにズレてしまうため，輪ゴムで固定しています．

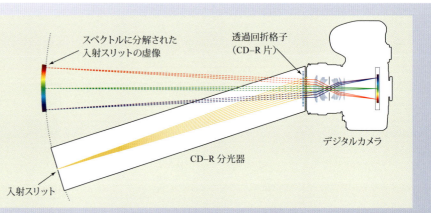

図 8.16 CD–R 分光器の構造．CD–R 片が透過回折格子となり，入射スリットから入った光をスペクトルに分解します．スペクトルに分解された入射スリットの虚像に焦点を合わせて撮影します．

● 入射スリット

　入射スリットは，分光器に光を導入する「窓」で，スペクトルの波長分解能や光量を決める重要な役割をします．スペクトルの波長分解能を決める要素は，入射スリットの幅以外に，分光器の鏡筒長，ズームレンズの焦点距離，カメラのセンサーサイズと画素数があります．
　スリット幅は，作製のしやすさ，像の明るさから，0.1 mm 程度にするのがおすすめです．スリットの長手方向は，スペクトル像の高さに反映されますが，回折格子の高さ，レンズ径を超えて長くしても意味がありません．
　スリットの長手方向を回折格子の刻線方向と一致させる必要があるため，回転調整できるように二重筒構造にしてあります．

● 回折格子

　回折格子は，入射スリットから入射してきた白色光をスペクトルに分ける働きをする分光器の心臓部です．CD–R のアルミコート層を剥離したものを，透過型の回折格子として使用しました．
　回折格子（CD–R 片）は，使用するレンズの径に合わせた適当なサイズにカットし，カメラのセンサーに対して回折格子の刻線方向が垂直になるように固定します．
　今回の作製では，可視領域全域のスペクトルが撮影できるよう CD–R を用いましたが，使用するレンズの焦点距離が短い場合や，スペクトルの一部でもよいから高分解能で撮影したい場合には，DVD–R を選択するのもよいでしょう．

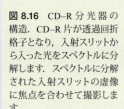

● 分光器鏡筒

　同じスリット幅ならば，鏡筒長が長いほど光学的な波長分解能が高くなりますが，その代わりに，像は暗くなります．使用するレンズの最短撮影距離と焦点距離，カメラのセンサーサイズ，一度に撮影したいスペクトルの波長範囲の関係で鏡筒長を決めます．
　実際の作製では，一度に撮影するスペクトルの波長範囲設定はズームレンズに任せることにして，鏡筒長を 30 cm 程度にするのが作製しやすく，撮影時の取り回しが楽です．
　スペクトルの中心付近の波長 550 nm の回折角：約 20.1°に合わせて鏡筒を斜めにカットします．回折格子に DVD–R を使う場合，回折角の条件式（p.58）を使い，スペクトルの中心付近の波長 550 nm，DVD–R のトラックピッチ 0.74 μm から回折角を求めましょう．
　コントラスト向上のために，鏡筒内部に丸めた植毛紙を入れるか，艶消し黒塗装をします．スペクトル像の結像位置を見ながらカット角の微調整をしてから，鏡筒とリングを接着します．

図 8.17 CD–R 分光器の構成．自作した CD–R 分光器の構成を示します．使用するカメラやレンズの選択，入射スリット幅，鏡筒長，回折格子を CD–R にするか DVD–R にするかなど非常に多くのバリエーションがあります．また，鏡筒の作り方も，今回の自作では紙筒を使いましたが，作りやすさからすると四角いものを用いた方がよいかもしれません．本構成をもとに，読者の皆さんが工夫を加えて，ブラシュアップしてみてください．

8.2 CD-R 分光器を作る

● ズームレンズ

　スペクトル像の大きさが調整できるズームレンズを使用するのがよいでしょう．手ブレ補正機能がなく，レンズ径の小さい，比較的安価な中望遠ズームレンズがお勧めです．今回の作製では，AF-S DX NIKKOR 55-200 mm f/4-5.6G ED を使用しました．
　スペクトル撮影は，長時間露光になるので三脚を使用して，レンズの手ブレ補正機能はオフにします．ライブビューを使ってマニュアルでスペクトル像のフォーカス調整をしてから，スペクトルが適当な画角に収まるように，ズームリングを回して焦点距離を調整します．焦点距離が決まったら，再度，精密にフォーカス調整します．

● デジタルカメラ

　カメラレンズが交換でき，最短撮影距離を調整するためのエクステンションチューブが利用できるデジタル一眼レフカメラ，ミラーレスカメラなどを使用してください．今回の作製では，Nikon D7000（APS-C サイズ）を使用しています．
　使用するカメラに望まれる機能としては，ISO 感度，絞り，シャッター速度などがマニュアル設定できること，マニュアルでフォーカス調整するのにライブビューが利用できること，長時間露光のノイズ低減機能，高感度ノイズ低減機能があることなどです．
　カメラのホワイトバランスは，基本的に，デイライトモードにします．スペクトルの特定の色が出にくい場合は，電球モード，フラッシュモードなども試してみます．
　長時間露光の撮影では，リモートレリーズ，ミラーアップ，電子シャッターなどを活用して，極力振動を避けます．

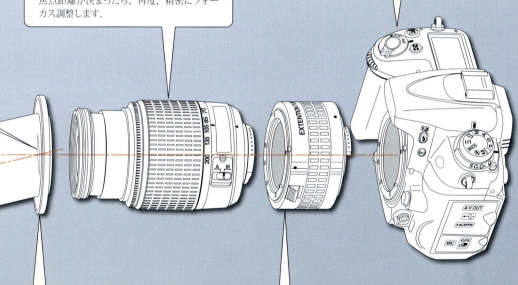

● 分光器鏡筒とレンズの接続

　分光器鏡筒と中望遠ズームレンズとの接続には，カメラレンズ用ステップアップリングを利用しました．ステップアップリングは，カメラレンズとの接続の役目と同時に，回折格子を貼り付ける枠になります．
　スペクトルがカメラセンサーに対して回転した状態で撮影されないように，ステップアップリングをレンズ先端にねじ込んだ状態で，分光器のスリットがレンズ中心を含む平面内に配置されるように，分光器鏡筒をリングに接着・固定します．

● エクステンションチューブ（接写リング）

　エクステンションチューブは，レンズの最短撮影距離より近い被写体を撮影するときに，カメラ本体とレンズの間に挿入して使用する焦点距離拡張用のチューブで，拡張距離が異なる複数種のチューブが入手可能です．接写リング，中間リングともいいます．
　カメラレンズを使って入射スリットの像をセンサー面に結像させますので，被写体である入射スリットまでの距離が，使用するカメラレンズの最短撮影距離より短い場合，エクステンションチューブを使って焦点が合うようにします．今回の作製で使用したズームレンズ AF-S DX NIKKOR 55-200 mm f/4-5.6G ED は，最短撮影距離が 95 cm と長いため，エクステンションチューブを使用しました．

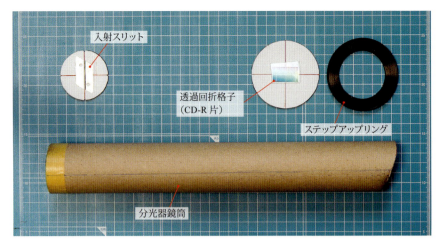

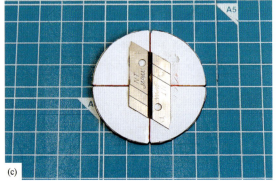

図 8.18 CD–R 分光器の構成部品．入射スリットと透過回折格子が分光器鏡筒である紙筒の長さを隔てて向かい合っているだけのシンプルな構造です．カメラレンズとの接続には，市販のカメラレンズ用ステップアップリングを使用しました．

8.2.2 各部パーツを準備する

構成は非常にシンプルで，図 8.18 のように，入射スリット，分光器鏡筒（紙筒），透過回折格子（CD–R），レンズとの接続に用いるステップアップリングの 4 パーツです．各パーツの作製方法を見ていきましょう．

・入射スリット

入射スリットは，分光器に光を入れる窓で，分光器の波長分解能と光量を左右する重要なパーツです．例えば，スリットの幅を 2 倍にすると，波長分解能が 2 倍悪くなる替わりに，入射光量は 2 倍に増えます．また，スリットの形状が悪いとその形がスペクトル像に反映されてしまうので，きれいに仕上げる必要があります．

本試作では，硬い厚紙を使用して，外径を分光器鏡筒に使う紙筒の外径（ϕ 50 mm）に合わせた入射スリット用の円板を作りました．図 8.19(a) のように，円板には中心を示す十字線を入れ，中心対称に 10 mm 角程度の窓を開けます．スリットには，カッターの刃を使いました．はみ出さないように木工用ボンドを塗り，片側の刃を中心線に合わせて貼って乾かします．スリット幅は，最初は，100 μm 程度で作製するのが無難です．(b) 一般のコピー用紙の厚さは 100 μm 前後なので，スリット作製時の厚みゲージとして利用できます．ちなみに，筆者は，高分解能狙いでしたので，トレーシングペーパー（約 40 μm 厚）を厚みゲージにしました．10 mm 角の窓を通るように，コピー用紙を短冊

図 8.19 入射スリットの作製．入射スリットには，カッターの刃を使いました．狙ったスリット幅にするには，目標サイズに近い厚さの紙をゲージ代わりにして，2 枚目の刃を貼り付けます．

状に切ります．紙が垂直に自立するよう工夫しておくと，2 枚目の刃を固定するときに楽です．狙ったスリット幅で 2 枚目の刃を固定するために，厚みゲージの紙を挟んだ状態で，2 枚目の刃を押し当てて接着・固定します．接着剤乾燥後，厚みゲージの紙を抜いて，(c) のように完成したら，遮光テープで刃の貼り付けを補強し，ナイフエッジの先端以外を艶消し黒に塗っておきましょう．

● スリットの作り方
スリットの作り方は，さまざまです．カッターで成形したアルミテープを貼る方法もありますし，上下でスリット幅を変えて，スリットをわざと台形状にすることもできます．色々アレンジしてみてください．

・回折格子

　回折格子は，入射スリットの長さとカメラレンズの有効口径より大きい必要があります．しかし，回折格子に使用する CD–R のランド・グルーブは同心円状なので，直線の回折格子と見なせるのは，ごく狭い領域に限られます．そのため，CD–R 分光器では，レンズの絞りをかなり絞って有効口径を小さくして使います．つまり，回折格子はある程度の大きさがあればよく，切り出す大きさは厳密ではありません．

　回折格子（CD–R 片）をマウントする厚紙円板は，ステップアップリングへの貼付に適したサイズで作ります（図 8.18）．円板には中心を示す十字線を入れ，中央に横幅 25 mm × 縦 15 mm 程度の窓を開け，艶消し黒塗装をしておきます．

　CD–R のラベル面に切断用のガイド線を書き入れたのが図 8.20(a) です．8 個の長方形は，回折格子を貼る窓枠（25 mm × 15 mm）の線です．CD–R のランド・グルーブは同心円状に切られているので，回折格子の中心線がディスク中心を通る直径線と一致するように描きます．ランド・グルーブの曲率半径が大きい外周部を使用します．(b) 万能ハサミ（図 8.21）を使って，窓枠線の外側にのりしろを 5 mm 程度残して，CD–R 片を長方形に成形します．(c) 回折格子の中心線がわかるようにマークを付けてから，ラベル面にガムテープを貼ってアルミ層を剥がします．最後に，記録層の青色有

図 8.21　CD–R 切断に使用した万能ハサミ．

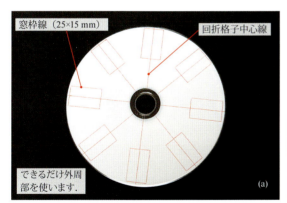

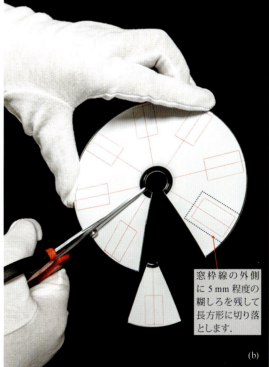

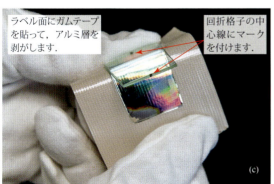

図 8.20　CD–R を利用した透過型回折格子の作製．(a) ディスクにガイド線を描き，(b) のように切り出します．万能ハサミを使うと安全です．(c) のように，回折格子の中心がわかるようにマークを付けておきましょう．ラベル面にガムテープを貼って剥がせば，アルミ層が剥がれます．最後に，記録層の青色有機色素をエタノールを浸したレンズペーパーできれいに拭き取れば，透過回折格子ができあがります．

図 8.22 窓付き厚紙面板への回折格子の固定．窓付き厚紙面板に回折格子の向きを合わせて貼り付け，回折格子を固定した面板をステップアップリングに接着します．

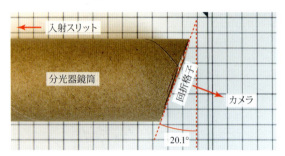

図 8.23 分光器鏡筒の加工．紙筒の回折格子側を約20°の角度で切り落とします．調整用スリットを使って分光器を仮組みして，スペクトル結像位置を見てから，ヤスリで削って角度の微調整をします．

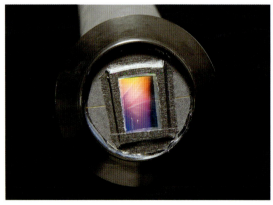

図 8.24 分光器鏡筒，回折格子，ステップアップリングの合体・接着．仮組みして光軸などの確認が済んだら，鏡筒内部などを艶消し黒に塗っていきます．乾燥後に，強力接着剤で合体，固定します．

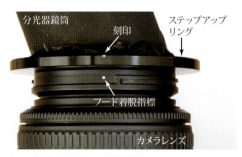

図 8.25 レンズの真上にあるフード着脱指標．

機色素をエタノールを浸したレンズペーパーできれいに拭き取れば，透過回折格子が完成します．

次に，回折格子に傷や汚れを付けないように注意して，回折格子を厚紙円板に貼り付けます．ランド・グルーブ面を下（入射スリット向き）に，溝方向が分光器の上下方向と一致するように，中心線マークとガイド線を合わせて固定します．図8.22は，厚紙円板に回折格子を固定し，遮光テープで補強した状態です．

・分光器鏡筒

分光器鏡筒は，入射スリットと回折格子の光学配置を決める役目をします．入射スリットの虚像を撮影するのですから，入射スリットがレンズの最短撮影距離より遠い必要があります．しかし，カメラレンズの最短撮影距離に合わせて鏡筒長を決めると非常に長くて使いづらい分光器になってしまうため，まず鏡筒長を30〜35 cmに決めて，焦点合わせにはエクステンションチューブを使うことにしました．

分光器鏡筒には，梱包用紙筒（φ 50 mm）を使いました．図8.23のように，回折格子側の片端を，図5.2(a)に示した回折角の条件式で求まる角度で切り落とします．CD–Rのトラックピッチが1.6 μm，スペクトルの中心波長を550 nmとすると，回折角は約20.1°と求まります．紙筒の加工では正確な角度出しが困難なので，幅の広い調整用仮スリットを使って，仮組立→像観察→ヤスリで修正→仮組立→像観察→ヤスリで修正→…を繰り返して，スペクトル像がセンサー中央に来るよう追い込んでいきます．実際やってみると，この角度調整作業は結構大変です．角度調整ができたら，接着部となる紙筒の両端を補強し，艶消し黒塗装をするか，丸めた植毛紙で内面をおおいます．

8.2.3　組立・調整

まず，カメラレンズにステップアップリングを締め込んだ状態で，レンズの真上にあるフード着脱指標に合わせて，ステップアップリングに刻印しておきましょう（図8.25）．その刻印が，分光器の真上方向です．分光器鏡筒をレンズに装着するときは，必ずフード着脱指標と刻印が一致する位置に合わせます．

リングの刻印と回折格子の上方向（図8.22）が一致するように，回折格子面板をリングに接着します．次に，分光器鏡筒の先端に幅の広い調整用仮スリットを付けて，モニターしているスペクトル像が水平に展開する位置で，分光器鏡筒の20.1°カット側をステップ

アップリングに接着します（ここの取り付けは慎重にやってください）．入射スリット部は，スリットの長手方向と回折格子のランド・グルーブ方向を一致させる必要があるため，図 8.17 のように，茶筒の蓋のような二重構造にして回転調整できるようにしました．図 8.19 で作製したスリットを装着しテスト撮影してみて，図 8.27 のように，スペクトル像が水平方向に分散して上下対称であれば正常です．取り付け方向に問題がなければ，接着・乾燥後，グルーガンで接着部を補強しておきましょう．後は，遮光テープなどで迷光対策をすれば完成です．

図 8.26 CD–R 分光器を使ったスペクトル像撮影風景．狭い入スリット幅で絞り込んだ撮影となるため，長い露光時間（数秒〜数百秒）が必要になります．カメラ背面のモニターに映し出されているスペクトル像は，撮影後の画像で，リアルタイムモニターの画像ではありません．

8.2.4 スペクトル像撮影の実際

図 8.26 のようにセットしたら，まず，ISO 感度を上げて，絞りを開放にし，ライブビューを使って焦点調整と像の大きさ調整をします．ズームして像の大きさを変えたら，再び焦点調整をします．スペクトル像が適当な大きさで画角に収まったら，ISO 感度を実用域まで下げて，絞りを決めます．CD–R のランド・グルーブは同心円状なので，絞りを開けると弓なりに湾曲したスペクトル像になります（図 8.27(a)）．スリットは直線ですから，中心から上下にずれるほど像がぼけます．絞りを絞っていくと，(b) のように，上下が狭くなったスペクトル像になります．あまり絞りすぎると，絞りの回折が影響して解像度が落ちますので，適当な絞り値を探します．絞り値を決めたら，最適な光量が得られるシャッター速度を探します．

最後に，撮影後のスペクトル画像から，図 8.28 のように，中心線付近の輝線がシャープな領域を画像処理ソフトを使って切り出します．

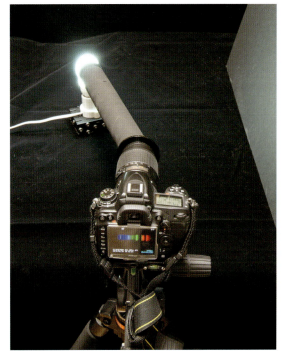

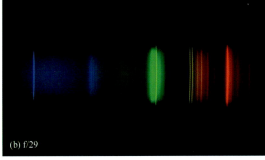

図 8.27 CD–R 分光器で撮影した蛍光灯の発光スペクトル像の F 値による違い．CD–R のランド・グルーブが同心円状に切られているため，(a) 絞りを開けるとスペクトル像は弓なりに湾曲して広がり，(b) 絞ると有効口径が小さくなって中心付近のスペクトル像になります．回折による像の悪化が出ない程度に絞って撮影します．(a)，(b) とも撮影条件模索段階の撮影なので，ISO 感度などが異なります．
(a)［Nikon D7000，55–200 mm f/4–5.6G（f=100mm），露出：マニュアル，フォーカス：マニュアル，f/10，2 秒，ISO：1000］
(b)［Nikon D7000，55–200 mm f/4–5.6G（f=100mm），露出：マニュアル，フォーカス：マニュアル，f/29，30 秒，ISO：100］

図 8.28 蛍光灯のスペクトル像．図 8.27 の画像から，中心線付近の輝線がシャープな領域を選んで，画像処理ソフトで切り出しました．

8.3 二重スリットカメラを作る

一般的にスリットカメラというと競馬や陸上競技の着順判定写真を思い起こしますが，ここでいう二重スリットカメラはそれとは違い，縦スリットと横スリットを組み合わせたピンホールカメラの一種です．実は，このカメラの正式名称がわからなかったので，本書では「二重スリットカメラ」としました．ここでは，レンズ交換式デジタルカメラのボディーを使って，お手軽に二重スリットカメラを楽しむのが狙いです．

8.3.1 ピンホールカメラ

ピンホールカメラ（pinhole camera）は，レンズを使わずに小さな円形の穴：ピンホール（針穴）を使って像を結ばせるカメラで，針穴写真機とも呼ばれます．結像の原理は単純です．被写体の各点から発せられた光が，真っ直ぐ進んでピンホールを通り，結像面に到達して被写体の各点と 1 対 1 に対応する像を形成します．基本的な構成は，ピンホールが開けられた箱と感光フィルムだけなので，カメラを自作して撮影を楽しむのに最適です[19, 20]．もし，手っ取り早くピンホールカメラを試すのであれば，レンズ交換式カメラのボディーに，ボディーキャップを加工して作ったピンホールを装着するのがいいでしょう．図 8.29 は，ボディーキャップに穴を開けて直径 200 μm のピンホールを貼り付けたもので，図 8.30 は，デジタル一眼レフカメラのボディーに図 8.29 のピンホールを装着して撮影した写真です．

レンズを使う一般のカメラとピンホールカメラを比較してみましょう．図 8.31 をご覧ください．一般のカメラでは，レンズの有効口径を通った光が全て結像に寄与するのに対して，ピンホールカメラでは，ピンホールを透過する光のみによって像が形成されるため，透過光量が少なく，長い露光時間が必要になります．また，ピンホールカメラは，被写体までの距離に関係なく結像する（パンフォーカス），ピンホール径の大きさによる像のボケがある（ソフトフォーカス）などの特徴があります．同じような画角で撮影した図 8.32（一般のカメラ）と図 8.33（ピンホールカメラ）を見比べてください．一般のカメラではピントが合った位置からずれるほどボケが大きくなっているのに対して，ピンホールカメラでは手前から奥まで画像全体に渡ってソフトにフォーカスしていることがわかります．

図 8.29 カメラボディーキャップを利用したピンホール．カメラのボディーキャップの中央に穴を開けて，ピンホールを取り付け，光漏れがないよう，上から遮光テープを貼っています．

図 8.30 ピンホールカメラの撮影例．ピンホール径が ϕ 200 μm，ピンホールから結像面までの距離（焦点距離）が約 55mm なので，F 値は f/275 相当になります．［Nikon D800E，露出:マニュアル，2.5 秒，ISO：100］

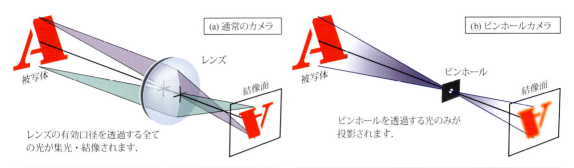

- 光量が多く明るい（F 値が小さい）
- F 値によって被写界深度が変化
- 合焦位置ではシャープな像が得られる

- 透過光量が少なく暗い（F 値が大きい）
- 被写体までの距離によらず合焦（パンフォーカス）
- ピンホール径の大きさによる像のボケ（ソフトフォーカス）

図 8.31 (a) レンズを使った通常のカメラと (b) ピンホールカメラの違い．ピンホールカメラは，ピンホールを通過する光のみで像が形成されるため，透過光量が少なく，長い露光時間が必要になります．また，ピンホールで撮影した写真は，被写体までの距離によらず結像する（パンフォーカス），ピンホール径によるソフトな像のボケといった特徴があります．

図 8.32 普通のカメラの撮影例．一般のカメラレンズで絞りを開放 (f/2.8) にして撮影しています．ピントが合っている位置ではシャープな像が得られてますが，ピント位置から手前や奥にずれるほど，ボケが大きくなっていきます．［Nikon D800E，24–70 mm f/2.8G (f=55 mm)，露出：マニュアル，フォーカス：マニュアル，f/2.8, 1/20 秒，ISO：100］

図 8.33 ピンホールカメラの撮影例．ピンホール径 φ 200 μm のピンホールカメラで撮影しています．ピンホールから被写体までの距離に関係なくソフトにフォーカスしています．［Nikon D800E，f ≒ 55 mm，露出：マニュアル，f/275 相当，100 秒，ISO：200］

8.3.2 二重スリットカメラの結像

二重スリットカメラは，ピンホールカメラの一種ですが，ピンホールの代わりに，縦スリットと横スリットが十文字に配置された構造をしています．縦横2つのスリットをぴったり合わせたときには，1辺の長さがスリット幅に等しい四角い穴（方形開口といいます）のピンホールカメラになります．一方，縦スリットと横スリットとで結像面からの距離（焦点距離）を違えた場合には，面白いことが起こります．

図 8.34 で，二重スリットカメラの結像について考えてみましょう．ここでは，横スリットの焦点距離を縦スリットの焦点距離の2倍にとった場合で説明します．青い実線は，被写体中心部の縦ラインから出て横スリットの中央1点を通過して広がり，縦スリットを通って結像面中央に縦ライン像を形成する光を表しています．青い実線の光にとって，縦方向に対するピンホールの役目を果たすのは横スリットであって，縦スリットは単に素通りするだけです．同様に，青い点線は，被写体右端の縦ラインから出て横スリットの右端1点を通過して広がり，縦スリットを通って結像面左端に縦ライン像を形成する光です．この場合，横スリットの右端がピンホールの役目を果たし，縦スリットを素通りして，結像面左端に縦ライン像を結びます．横のラインについても同様です．赤い実線が示す光，すなわち，被写体中心部の横ラインから出て横スリットを通り，縦スリットの中央1点を通過して広がり，結像面中央に横ライン像を形成する光では，横スリットは単に素通りするだけで，縦スリットが横方向に対するピンホールの役目を果たします．つまり，横スリットが縦方向の像を作り，縦スリットが横方向の像を形成するのです．結像面での像の大きさは，焦点距離に比例しますから，図 8.34 の例では，横スリットが作る縦方向の像が縦スリットが作る横方向の像の2倍になり，縦に2倍引き延ばされた像が得られます．

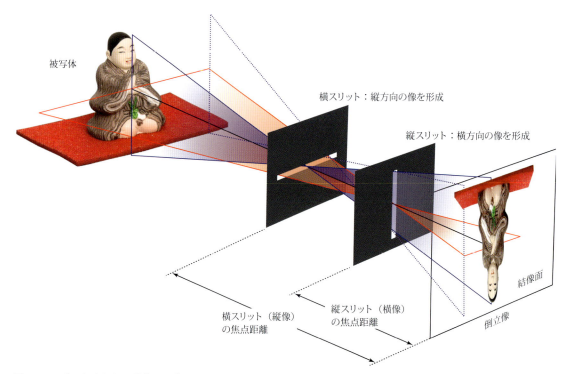

図 8.34　二重スリットカメラの結像．二重スリットカメラでは，スリットから結像面までの距離が焦点距離になります．縦スリットと横スリットの焦点距離が異なる場合，縦スリットが結ぶ横方向の像と横スリットが結ぶ縦方向の像の倍率が焦点距離に応じて変わるため，像の縦横比を変えることができます．

8.3.3 二重スリットカメラの撮影例

　実際の撮影例を示します．図 8.35 は，縦スリットと横スリットをぴったり合わせた方形開口のピンホールカメラで撮影した風景です（円形開口と方形開口の違いについては，本セクションの後半で考察します）．方形開口から結像面までの距離（焦点距離）は，約 55 mm です．ごく普通の風景写真ですが，ピンホールカメラならではのソフトなパンフォーカスであること，シャッター速度が 1/2 秒と遅く，走行中の車が流れていることなど，通常のカメラで撮影した写真とは趣が異なります．

　図 8.36 は，横方向の像を作る縦スリットの焦点距離が約 55 mm，縦方向の像を作る横スリットの焦点距離が約 95 mm の二重スリットカメラで撮影した風景です．縦横の焦点距離の違いから，縦方向に 1.7 倍程度に引き延ばされた写真になっています．作製した二重スリットは，茶筒の蓋のような二重筒の構造にしてあるので，横スリットの引き出し量を変えれば，縦像の拡大倍率を調整することができます．

図 8.35　方形開口のピンホールカメラでの撮影例．縦スリットと横スリットをぴったり合わせた方形開口のピンホールカメラで撮影しました．ピンホールは，約 200 × 300 μm の方形開口，焦点距離は約 55 mm です．
シャッター速度が 1/2 秒と遅いため，動いている車は流れた像になっています．
［Nikon D800E，露出：マニュアル，1/2 秒，ISO：250］

図 8.36　二重スリットカメラの撮影例．縦スリットの焦点距離約 55 mm，横スリットの焦点距離約 95 mm にして撮影しました．そのため，縦に約 1.7 倍引き延ばされています．
［Nikon D800E，露出：マニュアル，1/2 秒，ISO：250］

8.3.4 二重スリットカメラの作製

ニコンFマウントのデジタル一眼レフカメラ用に，二重スリットを作製しました．使用した材料は，Fマウント用カメラボディーキャップ，紙筒，カッターの刃，厚紙，接着剤，遮光テープなどです．カメラの機種が変わっても，基本的には同じですので，お持ちのカメラに合わせてアレンジしてみてください．

プラスチック製カメラボディーキャップの中央にドリルで穴を開け，リーマなどで穴を広げます．穴の大きさは，スリットの長手方向に必要な長さで決まります．例えば，ボディーキャップ側に縦スリットを付けた場合に必要なスリットの長さを，図 8.34 で考えましょう．横スリットの焦点距離が縦の 2 倍の場合，センサーの縦サイズの 1/2 以上あればよいことがわかります．フルサイズ（36 × 24 mm）では 12 mm 以上，APS–C（22.5 × 15 mm）では 7.5 mm 以上です．なお，横スリットの焦点距離を縦の 3 倍にすると，センサーの縦サイズの 2/3 以上必要になります．一方，横スリットの焦点距離が縦の 2 倍のときの横スリットの長さは，図 8.34 から，センサーの横幅程度必要なことがわかります．

次に，スリットの作製は，▶ 8.2.2 各部パーツを準備する（p.106）の図 8.19 に示した要領で行います．スリット幅の最適値は，表 8.1 に示すピンホールカメラの最適孔径[21]と同じですが，それほど精密に作製できるわけではないので，0.2 ～ 0.3 mm 幅を目標に作製しましょう．

作製した二重スリットは，図 8.37 のような，茶筒の蓋のような二重筒の構造にしました．二重筒の抜き差しにより，縦スリットと横スリットの焦点距離比を変えることができます．図 8.37(a) は，カメラボディーキャップに取り付けられた縦スリットです．(b) の横スリットは，(a) の紙筒内径よりひと回り小さい外径の紙筒でできていて，(b) を (a) の奥まで差し込めば，縦スリットと横スリットがぴったり合った方形開口のピンホールカメラになります．カメラ装着時の外観は，図 8.38(a) の通りです．また，(c) は，(a) の紙筒外径よりひと回り大きな内径の紙筒でできた横スリットで，(c) を (a) に被せれば，横スリットの焦点距離が縦スリットの焦点距離より長い二重スリットカメラになります．カメラ装着時の外観は，図 8.38(b) の通りです．二重スリットが完成したら，艶消し黒を塗り，遮光テープなどで光漏れを防いで，迷光対策をしましょう．

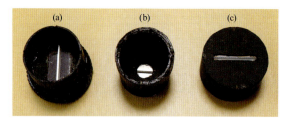

図 8.37 紙筒で作製した二重スリット鏡筒．(a) ボディーキャップを加工して作った奥側の縦スリット．(b) を (a) にはめ込めば，縦横スリットが合わさって方形開口のピンホールカメラになり，(c) を (a) にはめ込めば，縦横で焦点距離が異なる二重スリットカメラになります．

図 8.38 作製した二重スリットカメラの外観．(a) 方形開口のピンホールカメラ（図 8.37 の (a) + (b)）．図 8.35 を撮影しました．(b) 二重スリットカメラ（図 8.37 の (a) + (c)）．図 8.36 を撮影しました．

図 8.39 ニコン F マウント用ボディーキャップを利用したスリットの作製．ボディーキャップのマウント部は，120°回転対称なので，カメラに対して斜めに取り付けることが可能です．

図 8.35 の写真は図 8.38(a) の方形開口で撮影し，図 8.36 の写真は図 8.38(b) の二重スリットで撮影しています．撮影例では，カメラボディーキャップをカメラに直接装着していますが，間にエクステンションチューブを挟めば，焦点距離を長くして像倍率を上げることができます．また，フルサイズのカメラに装着していた二重スリットを，例えば，APS–C のカメラに装着すれば，像は縦横とも 1.5 倍拡大されます．

表 8.1　焦点距離に依存したピンホールカメラの最適孔径[21]．

焦点距離 [mm]	最適孔径* [mm]
50	0.250
75	0.306
90	0.335
120	0.387
150	0.432

* $\lambda = 633$ nm において．

8.3.5　斜めに伸びる写真を撮影してみよう

ニコン F マウント用のカメラボディーキャップのマウント部は，図 8.39 の通り，120°の回転対称なので，カメラへの装着方向を 0°方向から ± 120°回転して装着することができ，カメラのセンサーに対して二重スリットを斜めに装着した撮影が可能です．図 8.40 は，カメラボディーキャップを 120°回転させてカメラに装着したときの外観です．

図 8.41 の撮影例をご覧ください．写真は，二重スリットを斜めに装着したカメラで撮影した浅草金龍山浅草寺の雷門です．二重スリットの取り付け方向は，図 8.40 と同方向です．

皆さんも，自作の二重スリットカメラで，斜めに引き延ばされた写真を楽しんでみてはいかがでしょうか．なお，二重スリットカメラの撮影では，多くの場合，三脚が必要になります．三脚の使用は，他の方々の迷惑にならないように気を付けましょう．

図 8.40　スリットの方向を斜めに装着した二重スリットカメラ．

図 8.41　スリットを斜めに装着した二重スリットカメラの撮影例．F マウントのボディーキャップは，± 120°回転させてもカメラ本体に装着することができます．斜めに装着された二重スリットで撮影すると，このように奇妙な写真を撮ることができます．
［Nikon D800E，露出：マニュアル，8 秒，ISO：100］

8.3.6 ピンホールの形状による回折像の違い

円形開口のピンホールで撮影した図 8.30 と方形開口で撮影した図 8.35 とでは，一見したところ，あまり違いが見当たりません．しかし，図 8.42, 図 8.43 の夜景のように，点に近い明るい光源を撮影すると，明らかな違いが現れます．ここでは，ピンホールの形状による像の違いについて考察していきます．

図 8.42 は円形開口のピンホールカメラで撮影した夜景，図 8.43 は方形開口のピンホールカメラで撮影した夜景です．電灯や車のライトなど高輝度で発光点が小さい照明を見ると，円形開口では発光点を中心にした多重の同心円が，方形開口では発光点を中心とした十字が確認できます．これは，光の回折による像のボケです．光は電磁波という波ですが，波には，狭い所を通ると空間的に広がるという波特有の性質があって，回折と呼ばれています（図 8.44）．ピンホールカメラでは，光が狭いピンホールを通るために若干空間的に広がりながら結像面に到達しますが，その広がり方は開口

図 8.42 円形開口（φ 200 μm）のピンホールカメラで撮影した夜景．円形開口の場合，同心円状の回折パターンになります．
［Nikon D800E, 円形開口（φ 200 μm），露出：マニュアル, 20 秒, ISO：2500］

図 8.43 方形開口（約 200 × 300 μm）のピンホールカメラで撮影した夜景．方形開口の場合，十字状の回折パターンになり，円形開口の回折より回折像が大きく広がります．
［Nikon D800E, 方形開口（約 200 × 300 μm），露出：マニュアル, 13 秒, ISO：500］

の形状によって変わります.

図 8.45 は，ピンホールカメラから距離を離した LED 光源（図 8.3）を疑似点光源として撮影した (a) 円形開口の回折像と (b) 方形開口の回折像です．同一の LED 光源，同一の距離で撮影された (a) と (b) を比較すると，円形開口の回折像に比べて方形開口の十字型の回折像の方が，広い範囲に影響が及ぶことがわかります．この傾向は，計算で求めた図 8.46 の (a) 円形開口と (b) 方形開口の回折像でも確認できます．言い方を変えると，同じサイズの開口なら，円形開口の方が高い分解能の画像を得ることができます．

回折像ができるのは，何もピンホールカメラに限ったことではありません．点光源からの光を，どんなに高性能なレンズを使って集光したとしても，像は決して点にはならず，小さいながらも，必ず回折像が形成されます．実は，あらゆる光学系の光学分解能は，回折によって決まるのです（興味のある方は，参考文献[1,2]をご参照ください）．

回折は分解能を悪化させる原因ではありますが，逆に，発光点の回折像を視覚効果として取り入れて，図 8.42 や図 8.43 のような撮影をしてみるのも面白いのではないでしょうか．

図 8.44 海の波が回折を起こして丸く広がるようす．波には，狭い所を通ると広がる回折という性質があります．光は電磁波という波なので，狭い所を通れば光も広がります．
［画像 ©2012 Digital Earth Technology, DigitalGlobe, GeoEye, ©2012 Google, 地図データ ©2012 ZENRIN］

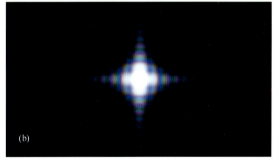

図 8.45 (a) 円形開口（φ 200 μm）と (b) 方形開口（約 200 × 300 μm）の回折像比較．▶ 8.1 LED ライン光源を作る（p.98）で作製した先端を平坦化した白色 LED を疑似点光源にして，カメラから数 m 離して点灯させ，円形開口と方形開口のピンホールカメラで回折像を撮影しました．
［円形開口（φ 200 μm）：Nikon D800E，露出：マニュアル，5 秒，ISO：100］
［方形開口（約 200 × 300 μm）：Nikon D800E，露出：マニュアル，5 秒，ISO：100］

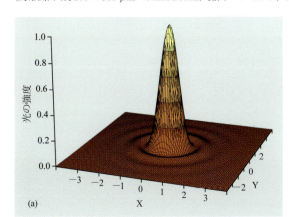
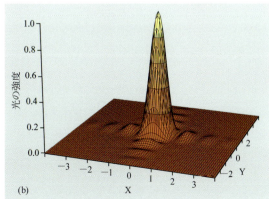

図 8.46 それぞれの回折像に対応するシミュレーション．(a) 円形開口，(b) 方形開口のフラウンホーファー回折像[1,2]．

8.3.7 アナログで味わう針穴写真の世界

デジタルカメラを利用したピンホールカメラの利点は，結果を見て撮影条件をすぐに修正できることです．しかし，撮影を重ねると，デジタル撮影したピンホールカメラの画質が意外と悪いことに気付き，「ピンホールカメラはアナログ向きなのではないか」と思うようになってきました．デジタルのピンホールカメラで残念な点としては，① デジタルカメラはセンサーに光が垂直に入射するテレセントリック光学系で設計されているため，ピンホールの 1 点から広がる光では十分な性能が出せない，② ローパスフィルターなど余分なものを透過するので像が悪化する，③ センサーサイズによっては像のボケ量に対して画像の大きさが不足する，④ レンズで集光する場合と違ってピンホールから光は直進して像を作るので，ローパスフィルターなどに付着したホコリの影がクッキリと写ってしまうなどが挙げられます．

アナログの針穴写真機で撮影された図 8.47 の作品をご覧ください[22]．今回試作したピンホールカメラと筆者の力量では，到底到達できない全く別次元の芸術作品です．筆者は，写真家でも芸術家でもありませんが，光科学の世界に身を置く者の一人として，アナログの針穴写真にもチャレンジしていきたいと考えています．

図 8.47 針穴写真の作品例．田所美惠子作：「囲いの中のエッフェル塔」[22]．

索　引

1/4 波長板　30, 85
1 次回折光　54, 81
2 分子膜　74, 90
2 次回折光　81
Al$_2$O$_3$　25
BK7　65
CaCO$_3$　14, 78, 79
CaF$_2$　24
CD ケース　30
CD–R　56, 81, 82, 107
CD–R 分光器　56, 58, 103, 109
CombineZP　85
C マウント　86
DVD–R　81, 83, 104
F 値　5, 6, 7, 109, 110
FITS　57
FWHM　58, 59
ISO 感度　4, 6
ImageJ　57, 58
JPEG　57
LCD　30, 37
LED ライン光源　18, 42, 98
LED ブラックライト　22
NIST　68
PC 基板　81, 83
raw2fits　57
RAW　57, 58
TIFF　57
V ブロック　9, 81

あ

青色 LED　60
青色レーザー　9, 12, 13, 14, 40, 48, 52
青琥珀　27
赤﨑勇　61
アクリルカッター　38, 101
アクリル樹脂用接着剤　39
アクリル水槽　38, 48
アクリルスプレー　101
アスコルビン酸　94
アッベ数　65
天野浩　61
アルゴン　64
暗視野照明　87
暗幕　7, 10, 11, 20, 40, 50
アンモナイト　79
　　レインボー──　79
アンモライト　79

異常光線　14
位相差　28, 30
イリスアゲート　80
色温度　70, 72

ウェルネル石　24
右旋性　34
ウランガラス　27
ウルツ鉱　26
ウルトラマリン　25

液晶ディスプレイ（LCD）　30, 37
エクステンションチューブ　7, 105, 108, 115
円形開口　113, 114, 116
円筒アクリル容器　10, 42
円偏光　30, 34, 74, 84
　左──　34
　右──　34
円偏光子　30
円偏光選択反射　74, 84

オパールの遊色　2, 72, 79
オプティカルコンタクト　77
オームの法則　100

か

下位蜃気楼　45
骸晶　75
回折　54, 74, 81, 116
回折角　54, 81, 83
　　──の条件式　54, 83, 108
回折格子　54, 103, 107
回折像　54, 82, 108, 116
開放絞り　5
界面　44, 48, 51
界面活性剤　90
カフェイン　97
カメラボディーキャップ　110, 114
干渉　54, 63, 68, 103, 109
干渉色　75, 76, 78, 79, 90
干渉色図表　28, 33, 96
緩和　13

キセノン　62, 64
基底状態　13
希土類　24
競泳用ゴーグル　32
鏡像異性体　34
許容最小錯乱円　6
キルヒホッフの第二法則　100
記録ピット　82

クエン酸　95
屈折の法則　14, 51
屈折率楕円体　28
屈折率分散　54, 67
屈折率分布　48
クラッド　53
グルーガン　100, 109
L–グルタミン酸ナトリウム　94
黒画用紙　21, 43, 101

珪亜鉛鉱　23
蛍光　12, 13, 15
　ガラスの──　14
　鉱物の──　20
　バーコードの──　13
　方解石の──　14
　──インク　15, 34, 43, 49, 52
　──鉱石　20, 23
　──ラインマーカー　15
蛍光増白剤　15
蛍光灯　56, 60, 103, 109
　　ブラックライト──　22
結像レンズ　55, 63, 86
煙検知型火災報知器　10
ケルビン　68
検光子　28, 30, 35, 92
顕微鏡　53, 82, 84, 86, 90

コア　53
光学異性体　34
光学異方性　14
光学活性　34
光学距離　29
高感度ノイズ低減　7
鋼玉　25
紅玉　25
口径比　5
光線　8, 10, 12, 14, 15, 18, 34, 38, 42, 48, 52, 94
構造色　74
光路差　29, 77
黒色ポスターボード　10, 21, 40, 50, 99
黒体　70
　　──放射　70
琥珀　27
コランダム　25
コリメート光　18, 35, 40, 55, 86, 101
コリメートレンズ　55, 63

さ

最小時間の原理　44
最小偏角　65, 67
サーキュラー PL（C–PL）　30, 37, 85
左旋性　34
砂糖水　34
酸化チタン　77
散乱　8, 10, 12, 39, 74
　牛乳の──
　教材プリズムの──　12
　多重──　11, 39
　弾性──　8
　墨汁の──　10, 39
　ミー──　8, 11
　レイリー──　8

紫外光励起　13
自然光　28, 37, 60
実視野　88
絞り　4, 5, 10, 46, 52, 56, 109
絞り優先オートモード　2, 5

遮光テープ　10, 101, 107, 108, 110, 114
射出成形　30
視野数　88
シャッター速度　4, 6
シャボン膜（シャボン玉）　74, 76, 90
収差　6
主虹　42
ジュール熱　61
上位蜃気楼　45
常光線　14
焦点距離　5, 46, 86, 100, 112, 114
焦点合成　85
焦点深度　6
晶洞　23
ショ糖　34, 48
　　――の旋光性　34, 35
　　――の溶解度　34
シーロスタット　58
蜃気楼　45, 48
シングルモードファイバー　53
真珠層　74, 78
進相軸　85
親水基　90

水銀ランプ　57
スタジオ撮影用万能クリップ　21
ステップアップリング　103, 106, 108
スペクトル　16, 22, 54, 57, 58, 64, 69, 70
　　――像　56, 58, 60, 64, 103, 109
スモークマシン　9

青金石（ラズライト）　25
正常分散　54, 67
正反射　18, 88
積算回数　63
積層乾電池　100
接写リング　2, 7, 68, 93
絶対温度　70
セルロース　97
セロハンテープ　33
セロハンテープケース　32
閃亜鉛鉱　26
旋光性　34
旋光分散　36
線スペクトル　64
全反射　51, 52

疎水基　90
ソーダ石　25, 26

た

対物レンズ　86
太陽　27, 42, 46, 54, 58, 60, 64, 70
多重散乱　11, 39
多層構造　74, 78, 79, 90
炭酸カルシウム　14, 78, 79
弾性散乱　8
タンパク質カゼイン　11

置換化石　79
チモール　96
柱石　24
頂角　65, 67
長時間露光ノイズ低減　7, 50

千代紙　87
直交ニコル　28, 30, 35, 36, 92
直線偏光　28, 30, 34, 36, 39, 92

デイライト　7
テネブレサンス　26
手ブレ補正機能　6, 7, 46
デュワー, サー・ジェイムズ　90
テレセントリック光学系　118
電子シャッター　7
電磁波　8, 70, 116

投影スクリーン　55, 99
透過軸　28, 36, 85
透明テープ　33
トコブシ　78
トラックピッチ　83, 108

な

中村修二　61
ナトリウムD線　58

逃げ水　45, 46
二酸化ケイ素　79, 80
虹　42
二重スリットカメラ　110
二重富士　78
荷造り用ガムテープ　21, 83, 107
入射スリット　55, 58, 63, 64, 104, 106
ニュートン, アイザック　54, 67, 77
ニュートン・リング　77

ネオン　62, 64
熱力学的温度　70
粘着テープ式カーペットクリーナー　21

ノーベル物理学賞　61

は

ハイミロン　21, 40, 101, 108
パウア貝　78
バウンス照明　7
白色 LED　18, 21, 53, 60, 67, 81, 98, 117
　　――懐中電灯　10, 87
白熱電球　60
ハックマン石　26
発光寿命　13
発光スペクトル　16, 22, 57, 61, 64, 69, 70, 109
波長校正　57
バニリン　92
波面　18
針穴写真　110, 118
ハロゲンタングステン標準光源　70
ハロゲンタングステンランプ（光源）　35, 40, 60, 68, 87
半円筒プリズム　14, 51
半切凸レンズ　18, 100
半値全幅　58, 59
万能ハサミ　107
パンフォーカス　110

東山魁夷　73
光の伝搬速度　14, 44

光ファイバー　51, 53, 55, 63
被写界深度　6, 10, 46, 85
ビスマス　75
比旋光度　34, 40
ピンホール　110, 115, 116
ピンホールカメラ　110

フィルム状アルミ蒸着ミラー　43, 102
フェルマーの原理　44
フォグ液　9
フォグマシン　9
フォトニック結晶　74
フォトルミネッセンス　13
フッ化カルシウム　24
複屈折　14, 28, 33
複屈折性　14, 28
副虹　42
不斉炭素　34
フード着脱指標　108
フラウンホーファー, ヨゼフ・フォン　58
フラウンホーファー回折　58, 117
フラウンホーファー線　58
ブラックライト　22
　　LED――　22
　　蛍光灯――　22
プラスチック　29, 30
　　――ビーカー　35
　　――用コンパウンド　99
　　――用ヤスリ　99
　　――ワッシャー　52
プラズマ　62
　　――発光　62
　　――ボール　62
プランクマックス　70
プランクの法則　70
フランクリン鉱山　20, 23
プリズム　12, 14, 51, 54, 65
ブルーアンバー　27
プルキンエ現象　73
ブロアブラシ　21
分光器　54, 63, 68, 103, 109
分子内緩和　13

平行ニコル　28, 30
ベテルギウス　70
ペットボトル　52
ペラン, ジャン　90
偏光　14, 28, 39
偏光顕微鏡　82, 92
偏光子　14, 28, 30, 36, 85, 92
偏光色　29, 92
偏光フィルム　28, 30, 35, 40
偏光面　34, 38

方解石　14, 23
方形開口　112, 113, 114, 116
放電チャネル　62, 64
墨汁　10, 34, 38
ホコリの除去　7, 20
蛍石　24
ポリカーボネート基板　81
ホワイトバランス　7, 72

ま

マイクロフォーサーズ　86
マルチモードファイバー　53
マンガン　23

ミー散乱　8, 11
御射鹿池　72
ミセル　11
ミニブレッドボード　100
ミラーアップ　7
ミラーレスカメラ　87

無限遠補正光学系　86
無放射遷移　13

迷光対策　7, 10, 20, 40, 101, 109, 114
明視野照明　87

メノウ（瑪瑙）　80
メントール　95

や

有効口径　5, 57, 107, 109, 110
遊色　2, 72, 79, 80

養生テープ　21

ら

ライブビュー　7, 56, 109
落射照明　87
ラピスラズリ　25
ランド・グルーブ　81, 82, 107, 109
乱反射　8, 18, 58, 88, 98, 102

リゲル　70
リモートレリーズ　7

流動配向　30, 31, 32
臨界角　51, 65
燐光　13

ルビー　25
瑠璃（るり）　25

レアアース　24
励起状態　13
レイリー散乱　8
レーザーポインター　9
レフ板　7
レンズペーパー　21, 58, 97, 107
連続スペクトル　58, 64

露光時間　2, 7, 10, 50, 58, 60, 63, 109, 110
ローパスフィルター　30, 118

監修者略歴

大津　元一(おおつ　もといち)

1950 年　神奈川県に生まれる
1978 年　東京工業大学大学院理工学研究科博士課程修了
現　在　東京大学名誉教授
　　　　ドレスト光子研究起点代表
　　　　NPO法人ナノフォトニクス工学推進機構理事長
　　　　工学博士

著者略歴

田所　利康(たどころ　としやす)

1957 年　東京都に生まれる
1981 年　立教大学理学部卒業
現　在　有限会社テクノ・シナジー代表取締役
　　　　博士（工学）

イラストレイテッド　光の実験

定価はカバーに表示

2016 年 10 月 25 日　初版第 1 刷
2020 年 7 月 20 日　　第 2 刷

監修者　大　津　元　一
著　者　田　所　利　康
発行者　朝　倉　誠　造
発行所　株式会社　朝　倉　書　店

東京都新宿区新小川町 6-29
郵便番号　162-8707
電　話　03(3260)0141
FAX　03(3260)0180
http://www.asakura.co.jp

〈検印省略〉

ⓒ 2016〈無断複写・転載を禁ず〉

シナノ印刷・渡辺製本

ISBN 978-4-254-13120-8　C 3042　Printed in Japan

JCOPY　〈出版者著作権管理機構　委託出版物〉

本書の無断複写は著作権法上での例外を除き禁じられています．複写される場合は，そのつど事前に，出版者著作権管理機構（電話 03-5244-5088, FAX 03-5244-5089, e-mail: info@jcopy.or.jp）の許諾を得てください．